쉽게 배우는
주머니의 기초

미즈노 요시코

옷을 만들 때 '주머니를 다는 건 귀찮고 힘든 일이
야.'라고 생각한 적 있나요? 게다가 주머니는 만듦
새가 겉으로 드러나는 경우가 많아서, 예쁘게 잘 만
들지 못할까봐 다는 것을 포기해버리기도 하지요.
이 책에서는 그런 분들을 위해 실물 크기 패턴과 풍
부한 과정 사진을 실어서 다양한 스타일의 주머니
를 만들 수 있도록 했습니다.
기성복에 달린 주머니를 살펴 본다거나 평소보다
조금 더 신경 써서 다양한 주머니를 찾아보다 보면
주머니를 만드는 일이 어느새 즐거운 일이 될 거예
요. 만드는 방법을 숙지해서 실용성과 디자인을 두
루 갖춘 주머니를 만들어보세요. 자신만의 옷 만들
기를 더욱 즐길 수 있을 거예요.

한스미디어

CONTENTS

■는 원단의 겉면

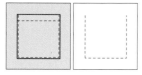
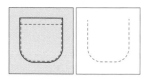
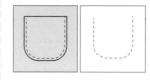
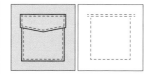
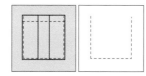
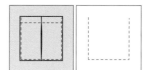
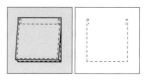
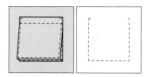
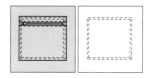
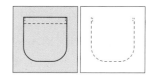
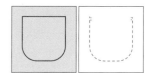

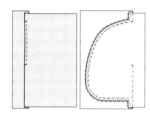
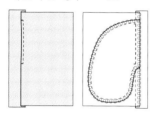
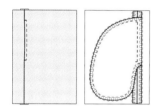
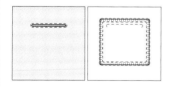
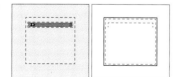
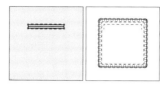
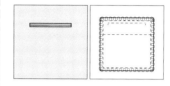
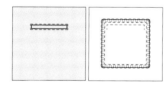
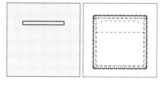
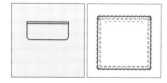
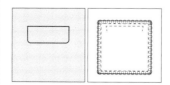
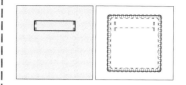
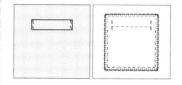
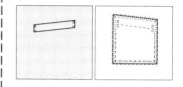
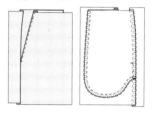
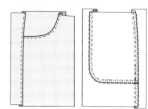

주머니의 위치와 크기

| 주머니의 위치

주머니의 위치는 '주머니를 다는 아이템', '주머니의 종류'에 따라 달라진다.

◎ 허리보다 아래쪽에 다는 주머니

옷의 길이에 따라 허리에서 5~10cm 정도 아래에 다는 것이 적당하다. 만약 너무 위쪽이거나 너무 아래쪽에 달면 손을 넣거나 물건을 꺼내기가 어려워진다. 옷의 균형을 고려하여 사용하기 쉬운 위치에 주머니를 달도록 한다.

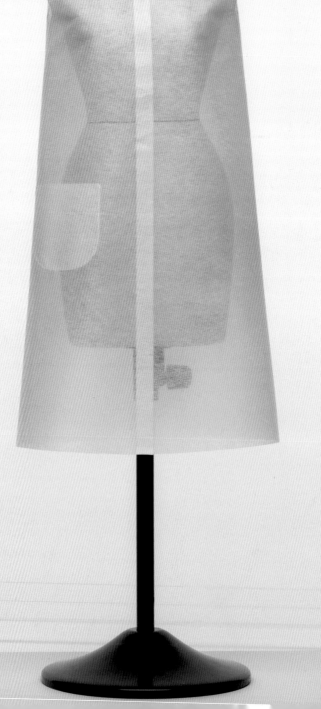

| 주머니의 크기

용도와 다는 위치에 따라 주머니 입구의 크기와 주머니의 깊이가 달라진다.

◎ 허리보다 아래쪽에 다는 주머니

손을 비스듬히 넣을 때가 많은 주머니 입구의 크기는 15cm 정도.

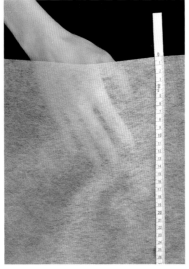

주머니의 깊이는 입구 치수와 비슷한 15cm 정도가 적당하다.

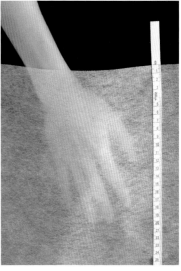

팬츠의 주머닛감은 약간 깊게 재단한다. 손이 쏙 들어가는 것은 20cm 정도.

◎ 허리보다 위쪽에 다는 주머니(가슴주머니) 등

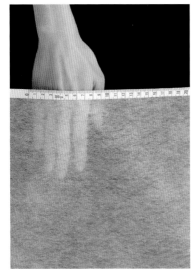

큰 물건은 넣지 않을 주머니 입구는 10~12cm 정도.

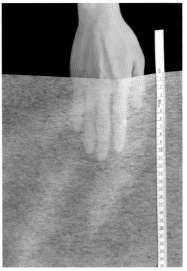

주머니의 깊이도 비슷한 크기로 정한다. 너무 깊으면 넣은 물건을 꺼내기 어렵다.

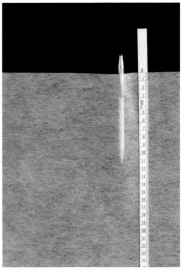

펜처럼 손 이외의 물건을 넣을 경우에는 직접 크기를 재도록 한다.

| 아이템에 따른 다양한 주머니 스타일

패치 포켓

박스 포켓

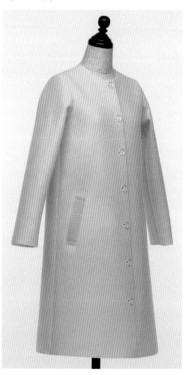

플랩 포켓

심 포켓

파이핑 포켓

사이드 포켓

세트온 포켓 set-on pocket

'세트온(set-on)'이란 '겉면에 붙인다'는 의미로, 가위집을 넣지 않고
원단을 따로 만들어 다는 주머니를 총칭한다. '패치 포켓(patch pocket)'과 같다.

패치 포켓

안감 있는 패치 포켓

패치 앤드 플랩 포켓

박스 플리트 포켓

인버티드 플리트 포켓

박스 패치 포켓

지퍼 패치 포켓

스티치가 보이지 않는 패치 포켓

패치 포켓 patch pocket

가장 간단하고 튼튼한 주머니. 겉쪽에 달기 때문에 실용성과 장식성을 두루 갖춘 주머니이다.

사각 패치 포켓

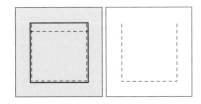

패턴①
지정 이외의 시접은 1cm

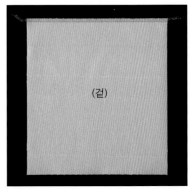

1 재단. 주머니 입구의 시접 가장자리를
처리한다.

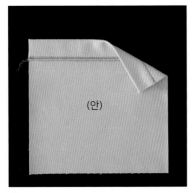

2 완성선을 따라 주머니 입구를 접고 스
티치한다.

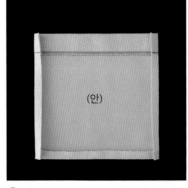

3 주머니 입구를 제외한 가장자리를 완성
선을 따라 다리미로 접는다.

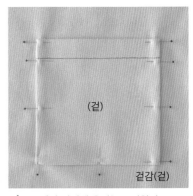

4 주머니 위치에 올려놓고 시침핀으로 고
정한다.

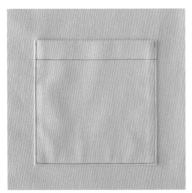

5 끝단박기로 주머니를 봉제해 단다.
완성(겉).

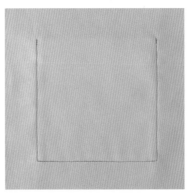

완성(안).

오픈 패치 포켓
open patch pocket

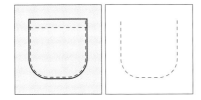

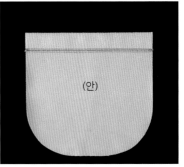

패턴②
지정 이이이 시접은 1cm

1 재단. 주머니 입구의 시접 가장자리를 처리하고 완싱신을 따라 한 번 섭어 스티치한다.

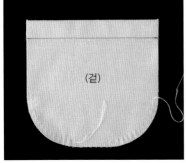

2 곡선으로 둥글린 시접에 홈질한다.

3 완성선을 따라 자른 두꺼운 종이(엽서 크기 정도)를 주머니 안면에 겹처놓는다.

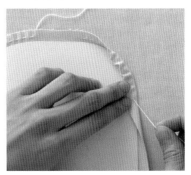

4 홈질한 실을 잡아당겨 완성선을 따라 둥글린다.

5 다리미로 곡선을 고정시킨다.

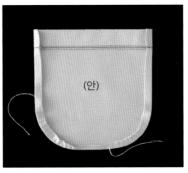

6 주머니 입구를 제외한 가장자리를 완성선을 따라 다리미로 접는다.

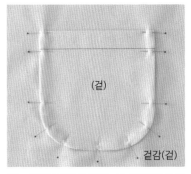

7 주머니 위치에 올려놓고 시침핀으로 고정한다.

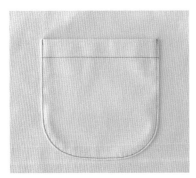

8 끝단박기로 주머니를 봉제해 단다.
완성(겉).

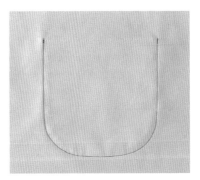

완성(안).

주머니 입구 처리하는 방법

p.8, 9의 '한 번 접어박기' 이외의 처리 방법을 설명한다.
원단의 두께나 디자인에 따라 스티치 폭에 맞춰 시접을 준다. 스티치를 하지 않을 경우에는 감침질로 처리한다.

● 두 번 접어박기①

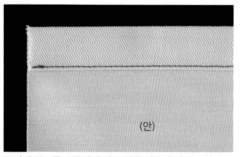

주머니 입구를 튼튼하게 하고 싶을 경우나 시접이 비쳐 보이는 얇은 원단의 경우에는 보강을 위해 원단 가장자리를 같은 폭으로 두 번 접어 박는다.

● 두 번 접어박기②

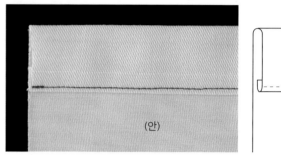

스티치 폭을 넓게 하고 싶은 경우에 사용하는 방법이다.

● 모서리를 박아서 뒤집고 한 번 접어박기

주머니의 모서리를 박아서 뒤집으면 주머니 입구로 시접이 나오지 않기 때문에 깔끔하게 완성된다.

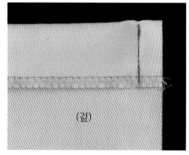

1 완성선을 따라 주머니 입구 시접을 겉 쪽으로 접고, 모서리를 박는다.

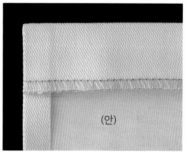

2 모서리를 겉으로 뒤집고, 주머니 입구 를 완성선을 따라 다리미로 접는다.

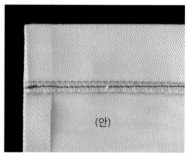

3 스티치한다.

끝단박기

(톱 스티치topstitch, 장식 스티치)

생각보다 0.05cm와 0.1cm의 차 이가 크기 때문에 원단이나 디 자인에 따라 각각의 디테일을 즐 길 수 있다.

0.1 0.15 0.2

실물 크기

모서리 스티치의 종류

스티치는 보강 및 디자인 역할을 한다. 스티치를 할 때 실을 배색해서 사용하면 색다른 느낌을 줄 수 있다.

● 싱글 스티치(끝단박기)

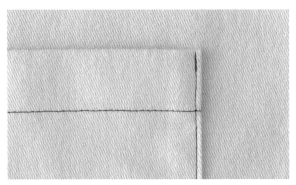

가장 단순한 스티치로, 원단의 두께나 디자인에 따라 스티치 폭도 달라 진다. 주로 시접을 안정시킬 수 있도록 끝단박기를 한다.

주머니 입구

주머니 입구로 모서리 시접이 비어져 나오지 않도록 주의 하면서 스티치하면 깔끔하게 처리할 수 있다.

● 삼각 스티치

주로 셔츠의 가슴주머니에 사용하는 스티치로, 얇은 원단에 적합한 스 티치이다. 싱글 스티치보다 더 튼튼하게 주머니 입구를 보강할 수 있 다.

● 사각 스티치

주머니 입구를 튼튼하게 보강하고자 할 때 사용하는 스티치. 2~3번 겹 쳐 박을 수도 있다.

● 더블 스티치

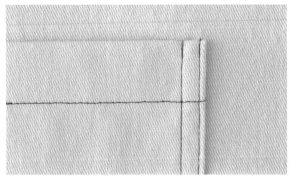

주머니 전체를 보강할 수 있는 스티치. 팬츠나 아우터 등 자주 사용하 는 주머니에 적합한 스티치이다.

● 더블 스티치+양면징 등

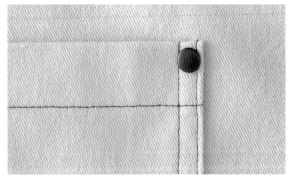

스티치만으로는 약할 때 사용하는 방법. 캐주얼 팬츠나 두꺼운 원단의 주머니 입구에 디자인을 겸해 사용할 수 있다.

안감 있는 패치 포켓

울이나 얇은 원단 등 한 장만으로는 불안할 경우에
는 안감을 달아 만든다.

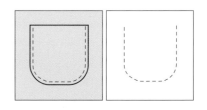

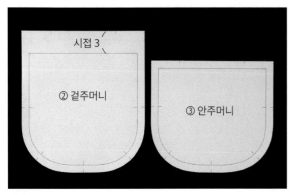

패턴 ②+③
지정 이외의 시접은 1cm

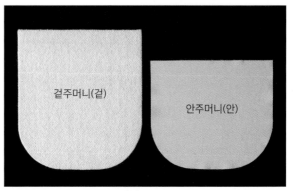

1 재단. 안주머니에는 안감이나 슬리크를 사용한다.

2 보강을 위해 겉주머니 입구의 안면에
접착심을 붙인다. 겉감의 주머니 입구
안면에도 보강 원단(접착심)을 붙인다
(p.13 '완성(안)' 참조).

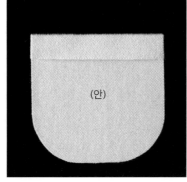

3 완성선을 따라 접는다.

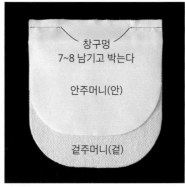

4 겉주머니와 안주머니를 겉끼리 맞댄 다
음, 창구멍을 남기고 박는다.

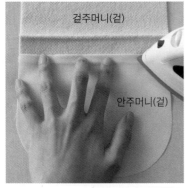

5 시접을 안주머니 쪽으로 넘긴다.

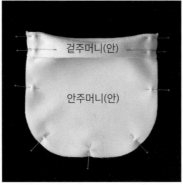

6 주머니 입구를 따라 겉끼리 맞대어 접
고, 둘레를 시침핀으로 고정한다.

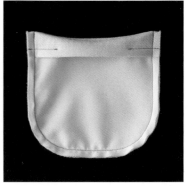

7 봉제한다. 완성선보다 시접 쪽으로
0.1~0.2cm 떨어진 곳을 박는다.

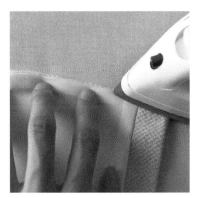

8 창구멍을 통해 겉으로 뒤집은 다음, 안
주머니를 살짝 비켜둔 상태에서 다림질
해 정돈한다.

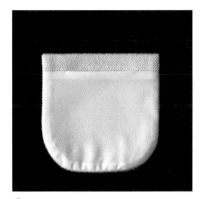

9 합봉한 상태.

10 창구멍을 감친다.

11 주머니 위치에 시침핀으로 고정한
다음, 봉제해 단다.

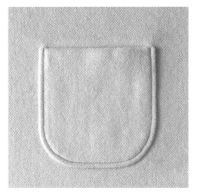

완성(겉).

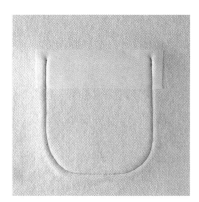

완성(안).

송곳 대신 이쑤시개로

얇은 원단이거나 송곳을 사용하
기가 불안한 경우에는 송곳 대신
이쑤시개를 사용한다.

패치 앤드 플랩 포켓 patch and flap pocket

'플랩(flap)'은 주머니 입구를 덮는 덮개를 의미한다.
입구를 가릴 수 있도록 플랩 폭은 주머니 입구 치수보다 조금 넓게 한다.

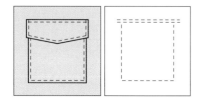

● 패치 포켓 만드는 방법은 p.8~11 참조

패턴 ①+④
지정 이외의 시접은 1cm

1 겉, 안 플랩을 재단한다. 원단이 얇은 경우에는 겉 플랩 안면에 접착심을 붙인다.

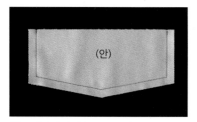

2 겉끼리 맞대어 놓고 주위를 박는다.

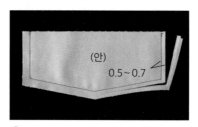

3 시접을 0.5~0.7cm로 자른다.

4 겉으로 뒤집은 다음, 다림질해 정돈하고 스티치한다.

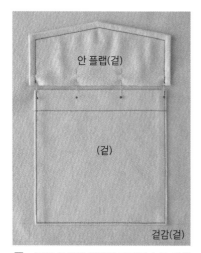

5 플랩 위치에 겉끼리 맞대어 놓고 시침 핀으로 고정한다.

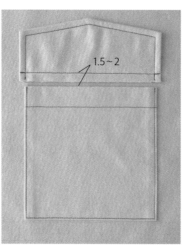

6 플랩을 박는다. 이때, 플랩이 주머니 입구에서 너무 가까우면 손을 넣기 어려우므로 입구에서 1.5~2cm 떨어진 위치에 달아준다.

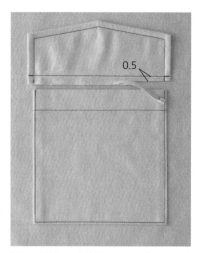

7 시접을 스티치 폭(0.7cm) 안으로 들어가도록 자른다.

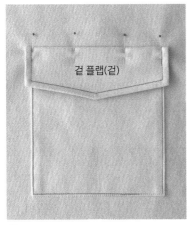

8 플랩을 완성된 상태로 놓고 시침핀으로 고정한다.

9 스티치한다. 완성(겉).

완성(안).

가장자리 밖으로 시접이 나오지 않게 주의하면서 스티치한다.

플랩의 시접은 스티치 안으로 들어가서 보이지 않는다.

● 시접을 자르지 않는 경우

얇은 원단이나 스티치 폭을 좁게 할 때처럼 시접을 자르지 않고 봉제해 다는 경우에는 미리 가장자리를 처리해둔다.

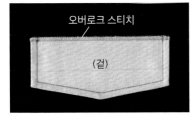

4의 과정 이후에 시접 가장자리를 처리한다.

완성했을 때의 모습은 위와 동일.

가장자리를 처리해두면 올이 풀리지 않아 지저분해 보일 염려가 없다.

박스 플리트 포켓 box pleat pocket

접음선을 안면에서 맞닿게 해서 만든
상자처럼 생긴 주름(박스 플리트)이 들어간 주머니.

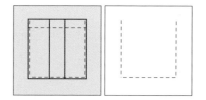

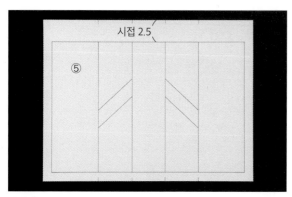

패턴 ⑤
지정 이외의 시접은 1cm

1 재단.

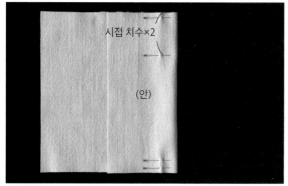

2 주머니 입구의 플리트를 스티치할 위치와 바닥 부분의 시접을 박
는다.

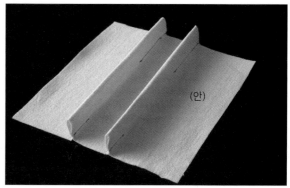

3 다른 한쪽도 같은 방법으로 박는다.

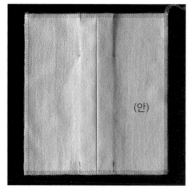

4 플리트의 접음선을 중심 쪽으로 넘긴
다음, 주위 시접을 처리한다.

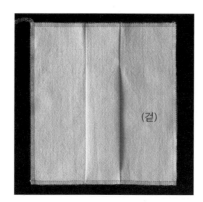

겉에서 본 모습.

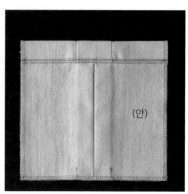

5 완성선을 따라 주머니 입구를 접고 스
티치한다.

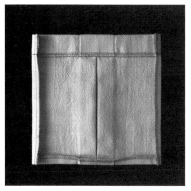
6 완성선을 따라 주위 시접을 접는다.

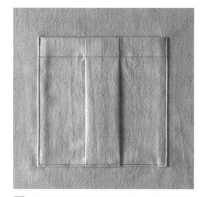
7 주머니 위치에 맞추어 놓고 봉제해 단다. 완성(겉).

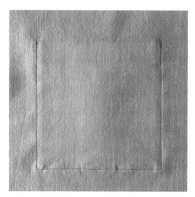
완성(안).

박스 플리트 포켓

무늬가 있는 원단의 경우

● 무늬를 맞추면 깔끔한 느낌을 준다

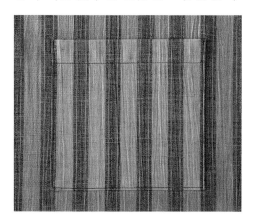
겉감과 주머니의 무늬가 맞춰져 있다.

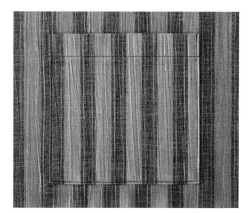
주머니 무늬가 어긋나 있다.

● 스트라이프나 체크무늬 등은 디자인 요소이다

주머니의 올 방향이 바이어스 방향으로 되어 있다.

인버티드 플리트 포켓 inverted pleat pocket

접음선을 겉쪽에서 맞닿게 해서 만든 주머니로, 박스 플리트를 반대로
한 듯한 플리트(인버티드 플리트, 혹은 맞주름)가 들어간 주머니이다.
'플레이티드 패치 포켓(plaited patch pocket)' 또는 '플리티드 패치 포켓
(pleated patch pocket)'이라고도 한다.

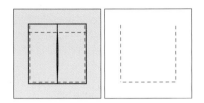

패턴 ⑥
지정 이외의 시접은 1cm

1 재단.

2 원단을 위 사진처럼 반으로 접고,
주머니 입구 쪽 플리트를 시접 치
수의 2배 정도까지 박는다. 바닥
부분은 시접 분량만큼 박는다.

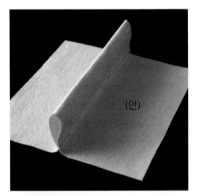

3 봉제한 모습.

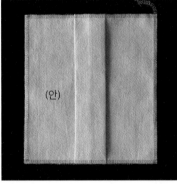

4 좌우로 플리트 폭이 균등해지도록 눌러
접고, 주위 시접을 처리한다.

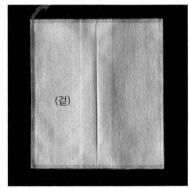

겉에서 본 모습.

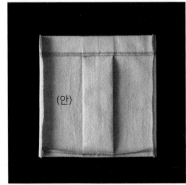

5 완성선을 따라 주머니 입구를 접고 스
티치한다. 바닥 부분과 양 옆선의 시접
을 완성선을 따라 접는다.

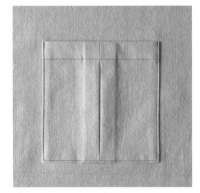

6 주머니 위치에 봉제해 단다. 완성(겉).

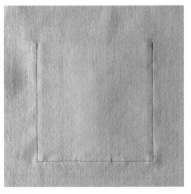

완성(안).

박스 패치 포켓 box patch pocket

입체적인 형태가 되도록 원단 폭을 늘려 만든 주머니.
주머니의 부피가 늘어나기 때문에 아우터에 적합하다.

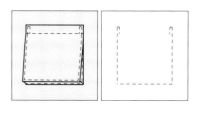

| 원단 한 장으로 만드는 박스 패치 포켓

원단을 부분적으로 봉제해서 입체적으로 만든 주머니.

패턴 ⑦
지정 이외의 시접은 1cm

1 재단. 주머니 입구의 시접 가장자리를 처리한다.

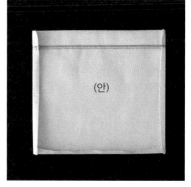

2 완성선을 따라 주머니 입구를 접고 스티치한다. 바닥 부분과 시접을 완성선을 따라 접는다.

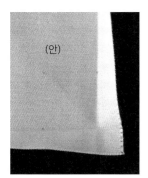

3 바닥면에 표시된 부분을 사진처럼 겉끼리 맞대어 접고, 시침핀으로 고정한다.

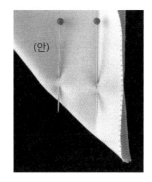

4 박스 분량을 박는다.

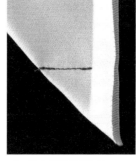

5 시접을 1cm로 자른다.

6 시접을 가른다.

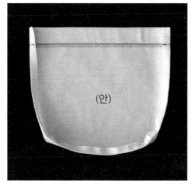

7 양쪽 바닥의 박스 분량을 봉제한 모습.

8 모서리의 각을 살리기 위해 끝단박기를 한다.

인버티드 플리트 포켓

박스 패치 포켓

9 끝단박기를 한 모습.

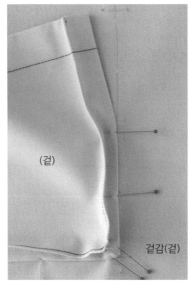

(겉)

겉감(겉)

10 주머니 위치에 맞춰 올려놓고 시침 핀으로 고정한다.

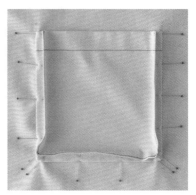

11 전체를 시침핀으로 고정한 모습.

12 봉제해 단다.

13 주머니 입구의 모서리를 접어 겹치 고 스티치로 고정한다. 완성(겉).

바닥면 부분을 밑에서 비스듬히 본 모습.

모서리에 끝단박기를 생략하면
부드러운 느낌을 준다.

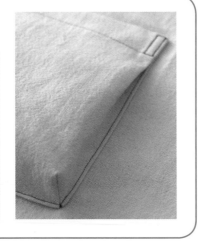

옆감을 따로 재단하는 박스 패치 포켓

원단을 따로 재단해서 입체적으로 만든 주머니.

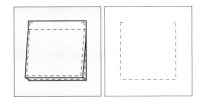

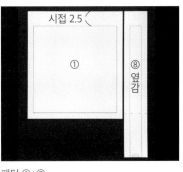

패턴 ①+⑧
지정 이외의 시접은 1cm

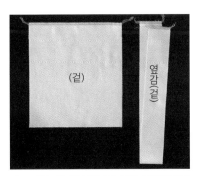

1 재단. 주머니 입구의 시접 가장자리를 처리한다.

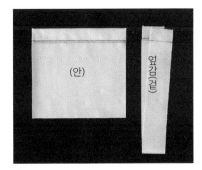

2 완성선을 따라 주머니 입구를 접고 스티치한다. 옆감의 양쪽 끝을 완성선을 따라 접는다.

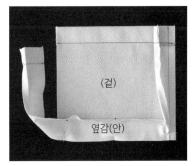

3 옆감의 모서리 위치에 올 부분에 가위집을 넣고 겉끼리 맞대어 합봉한다.

4 옆감을 합봉한 상태.

5 옆감을 겉으로 뒤집은 다음, 모서리에 끝단박기를 한다.

모서리 확대 사진.

겉에서 본 모습.

6 주머니 위치에 맞추어 놓고 봉제해 단다. 주머니 입구의 양쪽 가장자리를 접어 겹치고 스티치로 고정한다. 완성 (겉).

바닥면 부분을 밑에서 비스듬히 본 모습.

지퍼 패치 포켓 zipper patch pocket

지퍼를 달아서 입구를 여닫을 수 있게 만든 주머니.

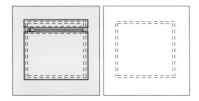

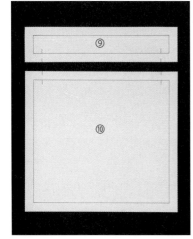

패턴 ⑨+⑩
시접은 1cm

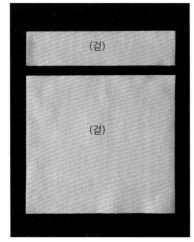

1 재단.

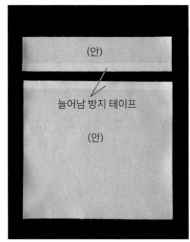

2 지퍼를 달 부분의 시접에 늘어남 방지 테이프를 붙인다.

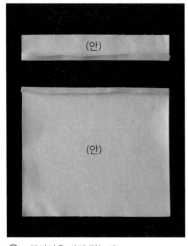

3 완성선을 따라 접는다.

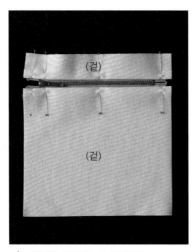

4 지퍼를 시침핀으로 고정한다.

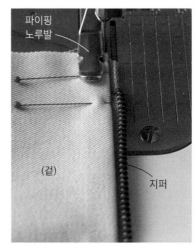

5 노루발을 파이핑 노루발로 교체하고 지퍼를 봉제해 단다.

지퍼를 달 때는 지퍼 테이프에 있는 조직 무늬의 라인을 가이드로 활용하면 봉제하기 쉽다.

조직 무늬의 라인

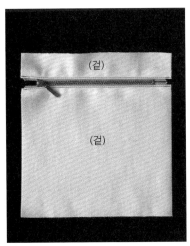

6 위아래에 지퍼를 단 상태.

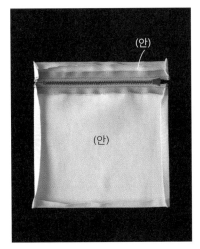

7 둘레를 완성선을 따라 접는다.

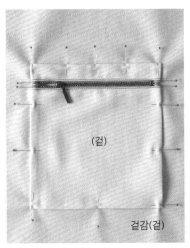

8 주머니 위치에 맞추어 놓고 시침핀으로 고정한다.

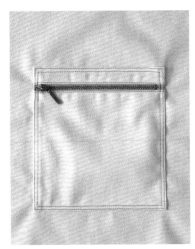

9 봉제해 단다. 지퍼 양쪽 가장자리에는 보강을 위해 더블 스티치를 한다. 완성 (겉).

완성(안).

스티치가 보이지 않는 패치 포켓

스티치를 겉에서 보이지 않게 하려면 주머니 안에 숨겨지는 시접을 박는다.
주머니 입구의 스티치까지 없애고 싶을 때는 감침질로 처리한다.
바닥이 사각형이거나 둥글림이 심한 작은 주머니에는 적합하지 않다.

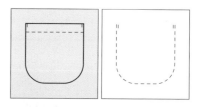

| 안감을 달지 않는 경우

한 장으로 재단해서 스티치가 보이지 않도록 봉제해 단다.

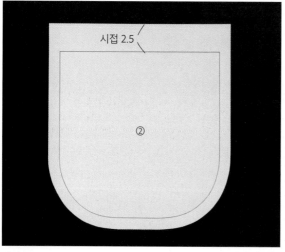

패턴 ②
지정 이외의 시접은 1cm

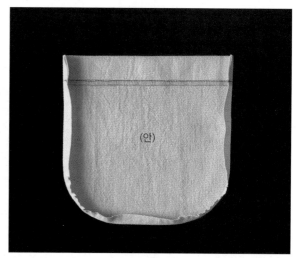

1 p.9의 1~6을 참조해서 주머니를 만든다.

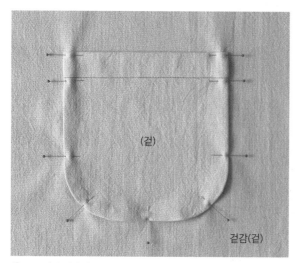

2 주머니 위치에 맞추어 놓고 시침핀으로 고정한다.

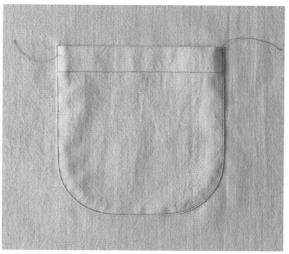

3 되도록 주머니 둘레(0.1cm 정도)를 약간 큰 땀으로 봉제해 단다
   (이때 윗실은 조금 느슨하게 해둔다).

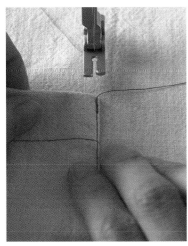

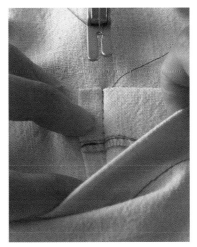

4 주머니 안쪽에서 재봉틀로 박기 시작한다.

주머니 안쪽을 벌리면 3에서 봉제한 실이 보인다.

3에서 봉제한 실의 바로 옆, 시접 쪽을 박아 나간다.

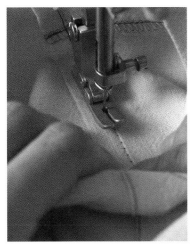

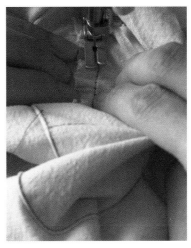

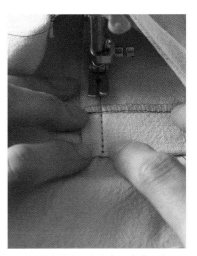

조금씩 진행되는 거리를 박는다.

특히 둥근 부분은 천천히 조금씩 박아 나간다.

반대쪽 주머니 입구까지 빙 둘러 박는다.

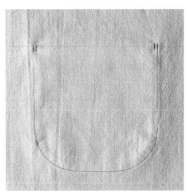

5 3에서 봉제한 실을 뜯어낸다.

6 스팀다리미로 가볍게 정돈한 다음, 주머니 입구의 양쪽 가장자리에 스티치를 해서 보강한다. 완성(겉).

완성(안).

안감을 다는 경우

스티치가 보이지 않도록 안감을 달아서 만든 패치 포켓.
격식 있는 스타일로 완성된다.

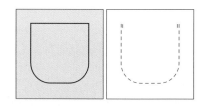

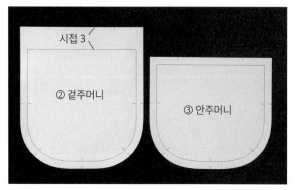

패턴 ②+③
지정 이외의 시접은 1cm

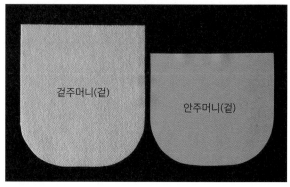

1 재단.

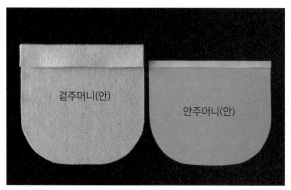

2 겉주머니 입구 안면에 접착심을 붙이고(p.12의 2 참조), 완성선을 따라 접는다. 안주머니는 시접(1cm)을 접는다.

확대 사진.

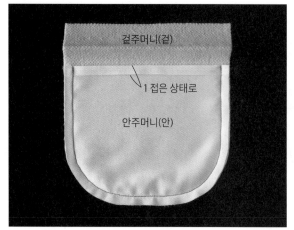

3 겉주머니와 안주머니를 겉끼리 맞대고 주위를 박는다. 완성선보다 0.1~0.2cm 시접 쪽을 박는다.

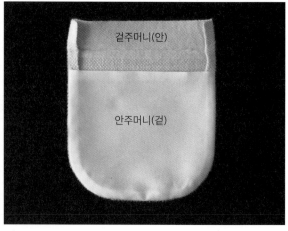

4 겉으로 뒤집은 다음, 다림질해 정돈한다. 겉에서 보이지 않도록 안주머니를 살짝 비켜둔다.

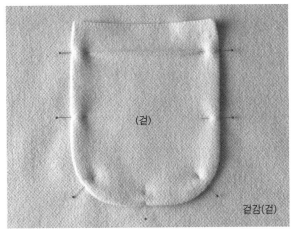

(겉)

겉감(겉)

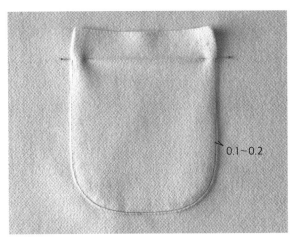

0.1~0.2

5 겉감의 주머니 입구 안면에 보강 원단(접착심)을 붙이고(p.28 '완성(안)' 참조), 주머니 입구의 시접을 펼쳐둔 채로 주머니 위치에 시침핀으로 고정한다.

6 주머니 입구에서 반대쪽 주머니 입구까지의 둘레를 큰 땀으로 박는다. 이때 윗실은 느슨하게 해둔다.

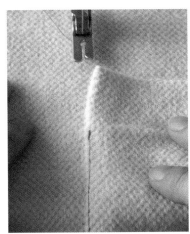

7 주머니 안쪽에서 재봉틀로 박기 시작한다.

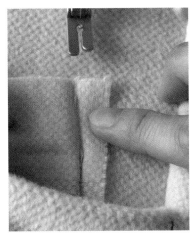

주머니 안쪽을 벌리면 6에서 봉제한 실이 보인다.

6에서 봉제한 실의 바로 옆, 시접 쪽을 박아나간다.

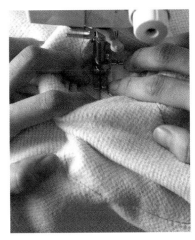

조금씩 진행되는 거리를 박는다.

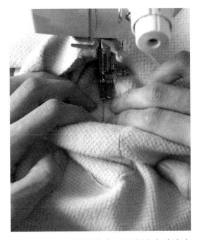

특히 둥근 부분은 천천히 조금씩 박아 나간다.

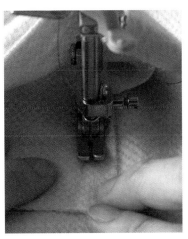

반대쪽 주머니 입구까지 빙 둘러 박는다.

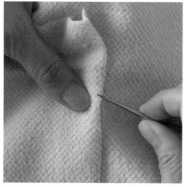

8 6에서 봉제한 실을 뜯는다.

9 주머니 입구 시접을 접어 넣는다.

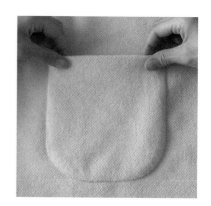

안(안)

안(겉)

10 주머니 입구 시접은 안감으로 가려서 보이지 않게 한다.

안(겉)

11 안주머니를 감친다.

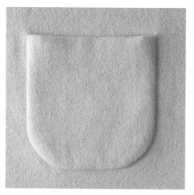

12 스팀다리미로 가볍게 정돈한 다음, 보강을 위해 주머니 입구 양쪽 가장 자리에 안면에서 숨은상침을 한다 (p.63 참조). 완성(겉).

완성(안).

세트인 포켓 set-in pocket

'세트인(set-in)'은 '끼워 넣는다', '밀어 넣는다'는 의미로,
가위집을 넣고 안면에 주머니를 다는 포켓의 총칭.

심 포켓

슬래시 포켓

지퍼 슬래시 포켓

더블 파이핑 포켓

파이핑 포켓

플랩 포켓

박스 포켓

사이드 포켓

심 포켓

옆선의 바늘땀 등 봉제선을 이용해서 만든
겉면에서 보이지 않는 주머니.

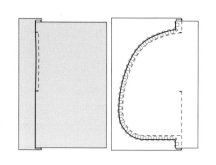

| 주머닛감을 이어서 재단하는 경우

주머닛감을 겉감에 이어서 재단하는 만큼 원단이 많이 필요하기 때문에
원단에 여유가 없을 때는 주머닛감을 따로 재단해서 만든다(p.32 참조).

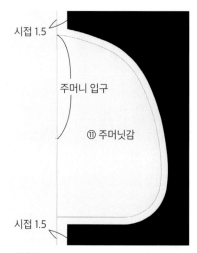

시접 1.5

주머니 입구

⑪ 주머닛감

시접 1.5

패턴 ⑪
지정 이외의 시접은 1cm

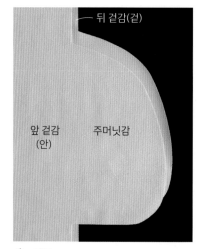

뒤 겉감(겉)

앞 겉감
(안)   주머닛감

1 재단.

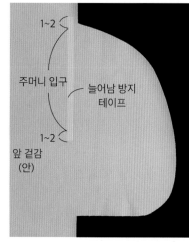

1~2

주머니 입구   늘어남 방지
테이프

1~2

앞 겉감
(안)

2 앞쪽의 주머니 입구 안면에 늘어남 방
지 테이프를 붙인다.

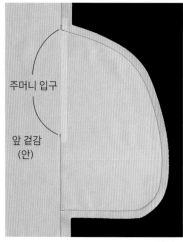

주머니 입구

앞 겉감
(안)

3 앞·뒤 겉감을 겉끼리 맞댄 다음, 주머니
입구를 남기고 주머닛감 둘레까지 이어
서 박는다.

● 시접을 오버로크 스티치로 처리하는 경우

4 시접을 처리한다. 오버로크 스티치로
처리하는 경우, 모서리 부분은 봉제하
기 쉽도록 가위집을 조금 넣는다(지그
재그 스티치의 경우에는 가위집을 넣지
않아도 된다).

가위집을 넣으면 모서리 부분이 조금 벌어진
다.

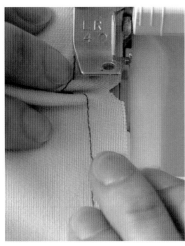

가위집을 벌려서 직선이 되게 하면 오버로크 스티치를 계속 이어서 할 수 있다.

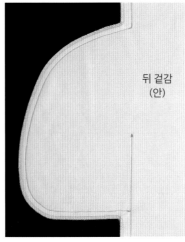

뒤 겉감
(안)

5 시접을 처리한 모습.

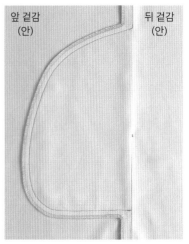

앞 겉감
(안)

뒤 겉감
(안)

6 시접과 주머닛감을 앞쪽으로 넘긴다.

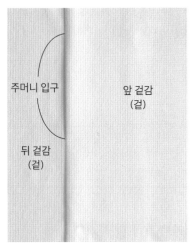

주머니 입구

앞 겉감
(겉)

뒤 겉감
(겉)

겉에서 본 모습.

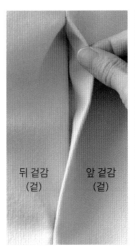

뒤 겉감
(겉)

앞 겉감
(겉)

주머니 입구

7 앞쪽의 주머니 입구 안쪽에서 스티치한다.

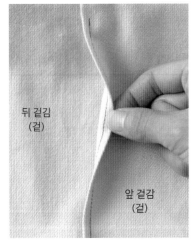

뒤 겉감
(겉)

앞 겉감
(겉)

8 주머니 입구에 스티치한 모습.

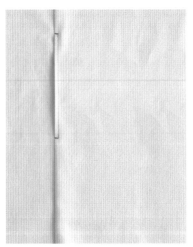

9 주머니 입구 양쪽 가장자리의 스티치 폭 안쪽을 사진처럼 3~4번 되돌아 박기해서 보강한다. 완성(겉).

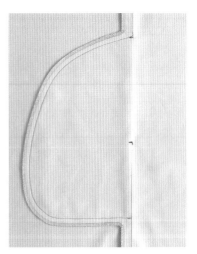

완성(안).

주머닛감을 따로 재단하는 경우

주머닛감을 겉감과 따로 재단한다. 주머니 입구에서 보이는 쪽(바깥쪽 주머닛감)은 마중천(주머니 입구가 열렸을 때 안감이 보이지 않도록 입구와 마주 보는 쪽에 덧대어 박는 천 조각 ―역주)을 겸해서 겉감을, 숨어서 보이지 않는 쪽(안쪽 주머닛감)에는 슬리크나 안감을 사용해도 된다.

◎ 시접을 한쪽으로 넘기는 경우

 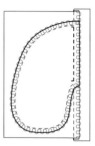

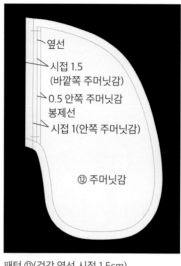

옆선
시접 1.5
(바깥쪽 주머닛감)
0.5 안쪽 주머닛감
봉제선
시접 1(안쪽 주머닛감)

⑫ 주머닛감

패턴 ⑫(겉감 옆선 시접 1.5cm)
지정 이외의 시접은 1cm

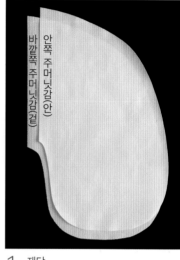

바깥쪽 주머닛감(겉)
안쪽 주머닛감(안)

1 재단.

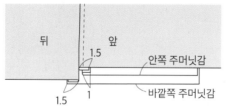

뒤   앞
1.5
안쪽 주머닛감
1.5   1
바깥쪽 주머닛감

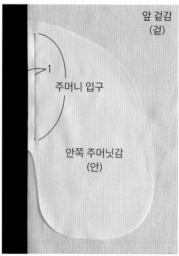

앞 겉감
(겉)
1
주머니 입구
1
안쪽 주머닛감
(안)

2 앞 겉감의 주머니 입구 안면에 늘어남 방지 테이프를 붙이고, 안쪽 주머닛감을 겉끼리 맞댄다. 재단선을 가지런히 맞춘 다음, 1cm 떨어진 곳을 박는다.

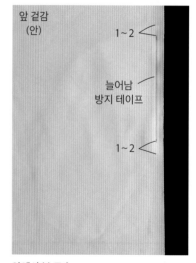

앞 겉감
(안)
1~2
늘어남
방지 테이프
1~2

안에서 본 모습.

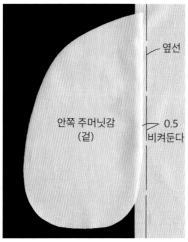

옆선

0.5
비켜둔다

안쪽 주머닛감
(겉)

3 주머닛감 쪽으로 넘긴다.

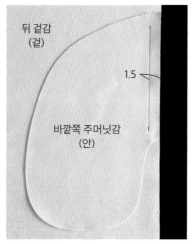

뒤 겉감
(겉)

1.5

바깥쪽 주머닛감
(안)

4 뒤 겉감의 주머니 입구에 바깥쪽 주머닛감을 겉끼리 맞대어 박는다.

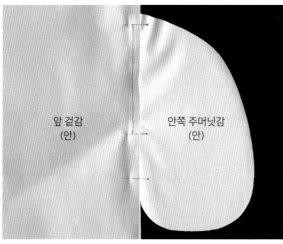

앞 겉감
(안)

안쪽 주머닛감
(안)

5 앞·뒤 겉감의 주머니 위치를 겉끼리 맞대고 시침핀으로 고정한다.

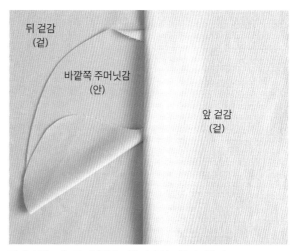

뒤 겉감
(겉)

바깥쪽 주머닛감
(안)

앞 겉감
(겉)

겉에서 본 모습. 주머닛감은 끼워지지 않도록 비켜둔다.

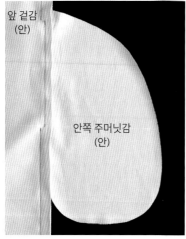

앞 겉감
(안)

안쪽 주머닛감
(안)

6 앞·뒤 겉감의 옆선을 합봉한다(주머니 입구는 합봉하지 않는다).

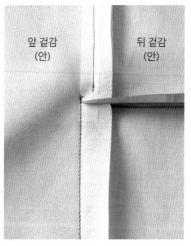

앞 겉감
(안)

뒤 겉감
(안)

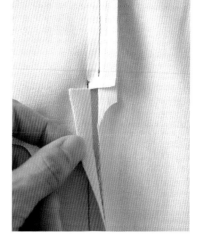

7 앞 겉감의 시접에만 주머니 입구 트임 끝 지점보다 위아래 모두 0.5cm 정도 떨어진 위치에 가위집을 넣는다. 이때 주머닛감을 자르지 않도록 주의한다.

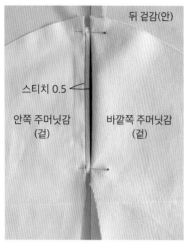

뒤 겉감(안)

스티치 0.5

안쪽 주머닛감
(겉)

바깥쪽 주머닛감
(겉)

8 바깥쪽 주머닛감을 안면으로 빼낸 다음, 앞 겉감 주머니 입구의 시접을 완성선을 따라 접고 스티치한다.

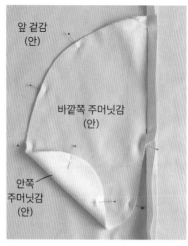

앞 겉감
(안)

바깥쪽 주머닛감
(안)

안쪽
주머닛감
(안)

9 주머닛감을 겉끼리 맞대고 시침핀으로 고정한다.

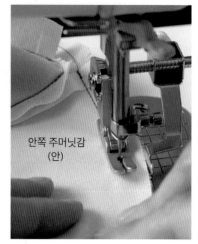

안쪽 주머닛감
(안)

10 주머닛감 둘레를 박는다.

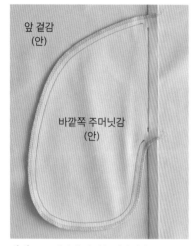

앞 겉감
(안)

바깥쪽 주머닛감
(안)

11 주머닛감 시접을 처리한다.

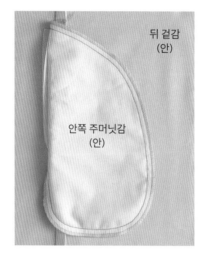

뒤 겉감
(안)

안쪽 주머닛감
(안)

처
리
한
다

12 겉감 시접과 주머닛감 주머니 입구 시접을 이어서 처리한다. 겉에서 주머니 입구 양쪽 가장자리의 스티치 폭 안쪽을 사진처럼 3~4번 되돌아 박기해서 보강한다. 완성(안).

완성(겉).

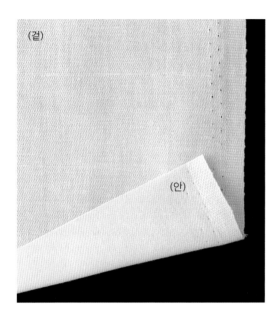

(겉)

(안)

슬리크 sleek

광택이 있는 능직 또는 평직물로, 주머닛감으로 많이 쓰인다.

큐프라(cupra. 셀룰로스계 재생 섬유의 하나로, 광택과 촉감이 견과 비슷하다. —역주)나 폴리에스테르 소재의 안감보다 더 튼튼하고 다루기 쉽다.

● 삼능 무늬 슬리크

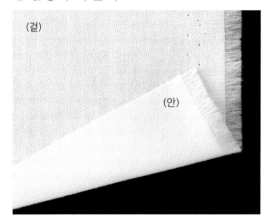

(겉)

(안)

● 프랑스 능직 슬리크

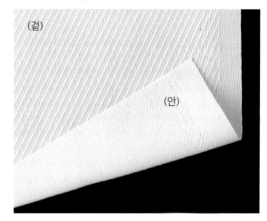

(겉)

(안)

● 줄무늬 슬리크

(겉)

(안)

● 기모 슬리크

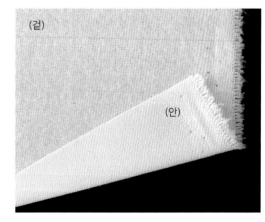

(겉)

(안)

◎ 시접을 가르는 경우

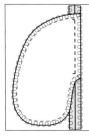

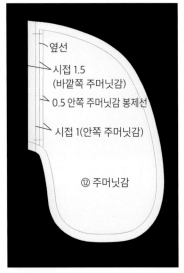

- 옆선
- 시접 1.5 (바깥쪽 주머닛감)
- 0.5 안쪽 주머닛감 봉제선
- 시접 1(안쪽 주머닛감)
- ⑫ 주머닛감

패턴 ⑫(겉감 옆선 시접 1.5cm)
지정 이외의 시접은 1cm

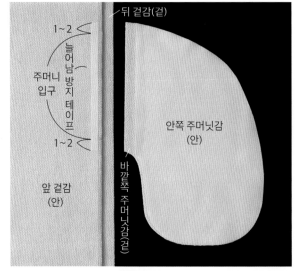

- 뒤 겉감(겉)
- 1~2
- 늘어남 방지 테이프
- 주머니 입구
- 1~2
- 바깥쪽 주머닛감(겉)
- 앞 겉감 (안)
- 안쪽 주머닛감 (안)

1 재단. 앞 겉감의 시접을 처리한 다음, 주머니 입구 안면에 늘어남 방지 테이프를 붙인다.

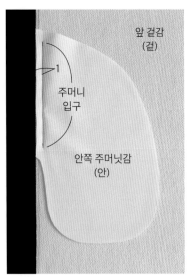

- 앞 겉감 (겉)
- 1
- 주머니 입구
- 안쪽 주머닛감 (안)

2 앞 겉감과 안쪽 주머닛감을 겉끼리 맞 댄다. 재단선을 가지런히 맞춘 다음, 1cm 떨어진 곳을 박는다.

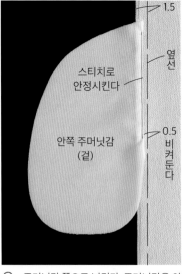

- 1.5
- 옆선
- 스티치로 안정시킨다
- 0.5 비켜둔다
- 안쪽 주머닛감 (겉)

3 주머닛감 쪽으로 넘긴다. 주머닛감을 안 정시키기 위해 스티치를 할 수도 있다.

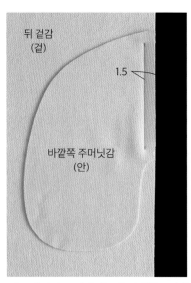

- 뒤 겉감 (겉)
- 1.5
- 바깥쪽 주머닛감 (안)

4 뒤 겉감 주머니 입구에 바깥쪽 주머닛 감을 겉끼리 맞대어 박는다.

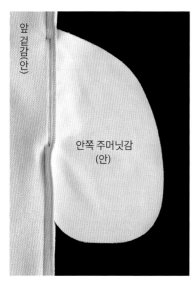

앞
겉
감
(안)

안쪽 주머닛감
(안)

5 앞·뒤 겉감의 옆선을 합봉한다(주머니 입구는 합봉하지 않는다). 주머닛감이 끼워지지 않도록 주의한다.

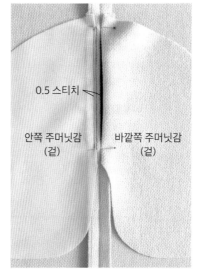

0.5 스티치

안쪽 주머닛감
(겉)

바깥쪽 주머닛감
(겉)

6 완성선을 따라 앞 겉감 주머니 입구의 시접을 접고 스티치한다.

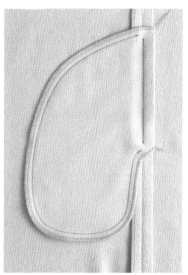

7 겉감 시접을 가른 다음, 안쪽 주머닛감 과 바깥쪽 주머닛감을 겉끼리 맞대어 합봉하고 주위 시접을 처리한다.

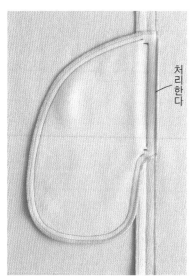

처
리
한
다

8 뒤 겉감 시접과 주머닛감 주머니 입구 시접을 이어서 처리한다. 겉에서 수머 니 입구 양쪽 가장자리의 스티치 폭 안 쪽을 사진처럼 3~4번 되돌아 박기해서 보강한다. 완성(안).

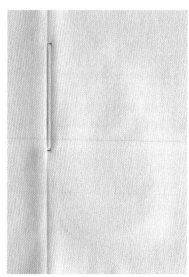

완성(겉).

슬래시 포켓 slash pocket

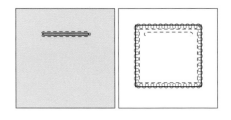

가위집을 넣어 만드는 주머니. 주머니 입구에서 주머닛감이 보이므로, 보이는 쪽의 주머닛감을 겉감과 같은 원단으로 하거나 디자인을 겸하기 위해 다른 원단을 사용해도 좋다.

패턴 ⑬
시접은 1cm

1 재단.

2 겉감 주머니 입구의 안면에 보강 원단 (접착심)을 붙인다.

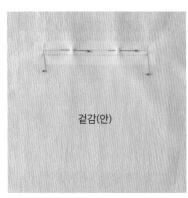

3 겉감 주머니 입구에 주머닛감을 겉끼리 맞대어 놓고 시침핀으로 고정한다.

4 겉감과 주머닛감이 서로 어긋나지 않도록 시침질로 고정한다.

겉에서 본 모습.

5 주머니 입구를 약간 촘촘한 바늘땀으로 박는다.

6 가위집을 넣는다. 이때 양쪽 가장자리는 바늘땀을 자르지 않을 정도까지 깊게 가위집을 넣는다.

확대 사진.

겉감(안)

주머닛감(겉)

7 주머닛감을 안면으로 빼낸다.

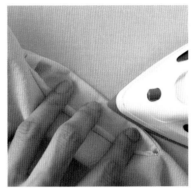

8 주머니 입구를 다림질해 정돈한다.

주머닛감(겉)

겉감(안)

9 주머닛감을 안정시킨다.

위쪽은
스티치하지 않는다

겉감(겉)

10 주머니 입구의 아래쪽에만 스티치한다.

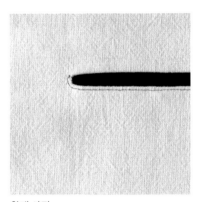

확대 사진.

(겉)

주머닛감(안)

겉감(안)

11 다른 1장의 주머닛감을 겉끼리 맞대어 올려놓고 시침핀으로 고정한다.

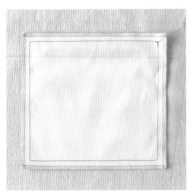

12 주머닛감 둘레를 박고 시접을 처리한다.

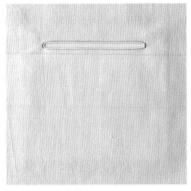

13 주머니 입구 위쪽을 주머닛감까지 함께 스티치한다. 양쪽 가장자리는 보강을 위해 3~4번 되돌아 박기를 한다. 완성(겉).

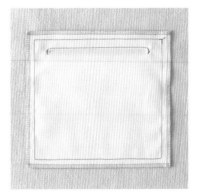

완성(안).

가위집을 넣어서 만들기 때문에 원하는 위치에 원하는 라인의 주머니를 만들 수 있다.
또한 겉쪽에서 가느다란 틈새로 보이는 주머닛감의 색상을 겉감과 달리하거나, 주머닛감의 형태를
독특하게 디자인하면 색다른 분위기를 연출할 수도 있다.

● 스트라이프 무늬로 비스듬하게 슬래시

주머닛감은 같은 계열의 진한 색 무지 원단을 사용했고, 주머닛감 둘레는 스트라이프 무늬를 살려
서 파이핑으로 처리했다.

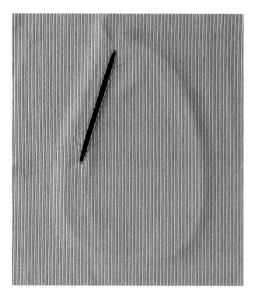
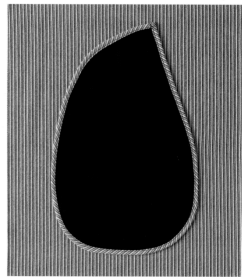

● 원형 도트 무늬를 모티브로 사용해서 슬래시

주머니 입구가 안정되도록 스냅 단추와 장식 단추를 달고, 주머닛감의 형태도 원형으로 만들었다.

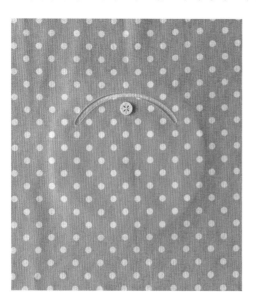

※ 이 페이지에 나와 있는 슬래시 포켓의 실물 크기 패턴은 수록되어 있지 않습니다.

지퍼 슬래시 포켓 zipper slash pocket

슬래시에 지퍼를 단 주머니. 여기서는 1장의 주머닛감을 겉감에
스티치로 고정하는 경우를 예로 들어 설명하고 있다.
겉쪽에 스티치가 보이지 않길 원하면 p.38의 슬래시 포켓과 같은
방법으로 주머닛감을 2장 만든다.

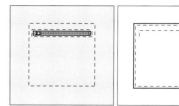

패턴 ⑭+⑮
시접은 1cm

1 재단. 안단 둘레를 처리한다.

2 주머닛감 둘레를 완성선을 따라 접는
다.

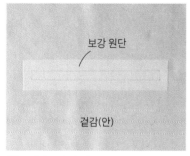

3 겉감 주머니 입구 안면에 보강 원단(접
착심)을 붙인다.

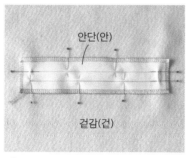

4 겉감 주머니 입구에 안단을 겉끼리 맞
대어 놓고 시침핀으로 고정한다.

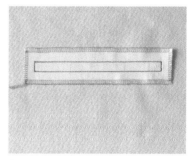

5 주머니 입구를 박는다.

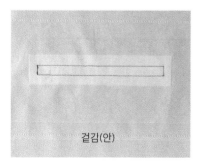

안에서 본 모습.

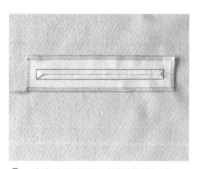

6 화살 깃 모양으로 가위집을 넣는다.

화살 깃 모양의 가위집
화살 끝에 달려 있는 화살 깃
모양처럼 가위집을 넣는다.

가위집

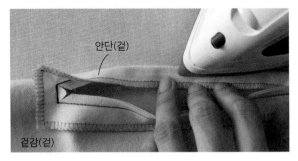

7 안단을 가위집 낸 구멍을 통해 안면으로 뒤집은 다음, 주머니 입구를 다림질해 정돈한다.

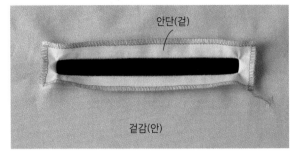

안에서 본 모습.

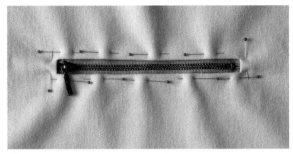

8 주머니 입구에 지퍼를 맞춰놓고 시침핀으로 고정한다.

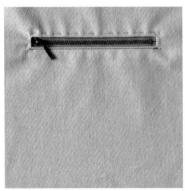

9 아래쪽은 재봉틀로 봉제해서 달고, 위쪽은 시침질로 고정해둔다.

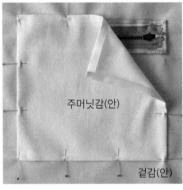

10 겉감 안면에 완성선을 따라 가장자리를 접은 주머닛감을 맞대어 놓고, 시침핀으로 고정한다.

11 주머닛감 둘레에 스티치한다.

겉에서 본 모습.

12 겉에서 지퍼의 위쪽과 양쪽 가장자리를 주머닛감까지 함께 스티치한다. 지퍼의 양쪽 가장자리는 보강을 위해 3~4번 되돌아 박기를 한다.
완성(겉).

완성(안).

더블 파이핑 포켓 double piping pocket

가위집을 넣고 절단면의 양쪽을 파이핑으로 처리하는 주머니.
'파이핑'이란 원단의 가장자리를 감싸서 장식하는 것을 말한다.

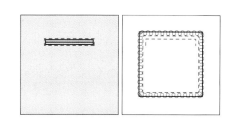

입술감을 이어서 재단하는 경우

(시접 한쪽으로 넘기기, 스티치 있음)

주머닛감에 입술감을 이어서 재단한 다음, 더블 파이핑을 만든다.

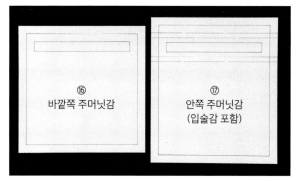

패턴 ⑯+⑰
시접은 1cm

1 재단. 안쪽 주머닛감은 입술감도 되기 때문에 양쪽 주머닛감 모두 겉감을 사용한다.

2 겉감 주머니 입구 안면에 보강 원단(접착심)을 붙인다.

3 겉감 주머니 입구에 안쪽 주머닛감을 겉끼리 맞대고 시침핀으로 고정한다.

안에서 본 모습.

4 주머니 입구 둘레를 시침질로 고정한다.

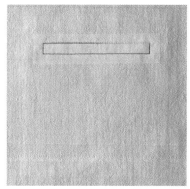

5 주머니 입구를 약간 촘촘한 바늘땀으로 박는다.

겉에서 본 모습.

6 화살 깃 모양으로 가위집을 넣는다. 이때 절단면의 양쪽을 파이핑으로 균등하게 감쌀 수 있도록 가위집은 중앙에 넣는다.

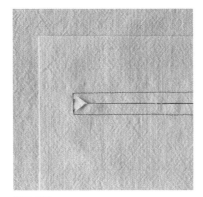

확대 사진.

7 주머닛감을 가위집 낸 구멍을 통해 안면으로 빼낸다.

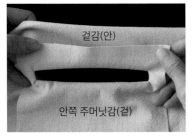

안에서 본 모습.

8 주머니 입구를 다림질해 정돈한다.

안에서 본 모습.

9 주머니 입구 위쪽의 시접을 겉감 쪽으로 넘긴다.

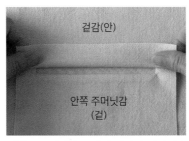

10 주머닛감을 접어 겹쳐서 파이핑을 만든다.

파이핑 폭을 균일하게 맞춘다.

11 아래쪽도 마찬가지로 파이핑 폭을 균일하게 맞춘 다음, 위아래를 시침질로 고정한다.

안에서 본 모습.

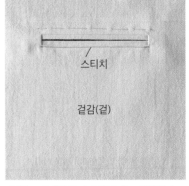

12 아래쪽 주머니 입구에 스티치한다.

안쪽 주머닛감(겉)

★

바깥쪽 주머닛감(안)

겉감(안)

13 주머닛감 2장을 겉끼리 맞대어 놓고 시침핀으로 고정한다. ★파이핑으로 접은 원단의 가장자리가 벌어지지 않도록 주의한다.

14 주머닛감 둘레를 박고 시접을 처리한다.

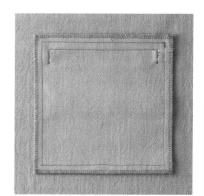

겉감(겉)

15 겉에서 주머니 입구 위쪽과 양쪽 가장자리를 주머닛감까지 함께 스티치한다. 양쪽 가장자리는 보강을 겸해서 3~4번 되돌아 박기를 한다. 완성(겉).

확대 사진.

완성(안).

파이핑 포켓의 입술감을 바이어스로 재단한다

줄무늬 원단을 사용하는 경우, 올 방향만 바꾸어도 디자인이 된다.

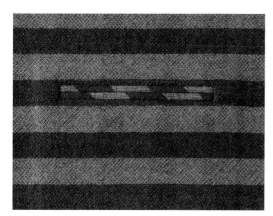

더블 파이핑 포켓

파이핑 포켓

입술감을 따로 재단하는 경우

(시접 가르기, 스티치 없음)

입술감을 따로 재단해서 사용하며, 주머닛감에는 슬리크나 안감을 사용한다.

주머니 입구에서 보이는 쪽의 주머닛감에는 겉감(마중천)을 단다.

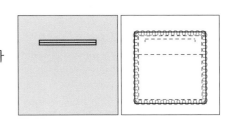

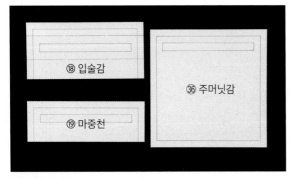

패턴 ⑱+⑲+㊱
시접은 1cm

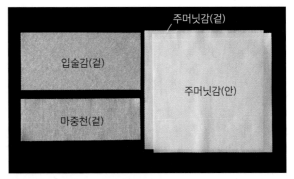

1 재단. 입술감과 마중천은 겉감을 사용한다.

2 겉감의 주머니 입구 안면에 보강 원단 (접착심)을 붙인 다음, 주머니 입구에 주머닛감을 겹쳐 시침핀으로 고정한다.

3 겉감 주머니 입구에 입술감을 겉끼리 맞대어 놓고 주머니 입구의 위아래를 박는다.

안에서 본 모습.

4 입술감에만 가위를 넣고 주머니 입구 중앙에서 둘로 자른다.

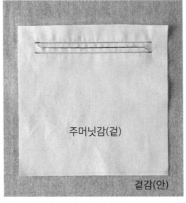

5 겉감과 주머닛감은 화살 깃 모양으로 가위집을 넣는다(p.52의 7 참조).

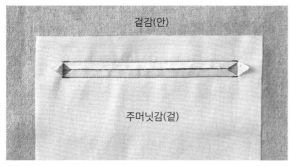

6 겉감과 주머닛감에 가위집을 낸 삼각 부분을 다리미로 눌러 접는다.

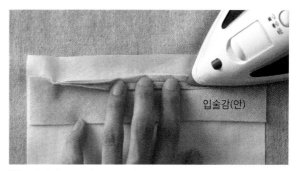

7 가위집 낸 구멍을 통해 위쪽 입술감을 안면으로 빼내고 시접을 가른다.

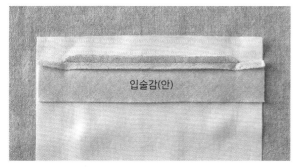

시접을 가른 모습.

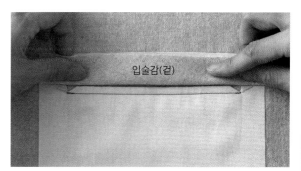

8 입술감을 접어 겹쳐서 파이핑을 만든다.

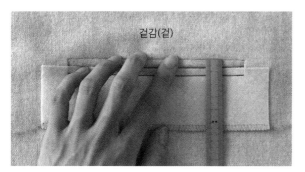

파이핑 폭을 균일하게 맞춘 다음, 시침질로 고정해둔다.

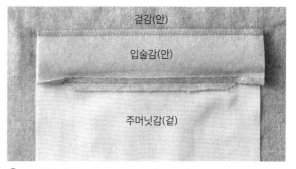

9 아래쪽 입술감을 안면으로 빼내고 시접을 가른다.

10 위쪽과 같은 방법으로 입술감을 접어 겹쳐서 파이핑을 만든다.

11 겉에서 주머니 입구 아래쪽의 바늘땀에 숨겨박기를 한다.

12 입술감의 아랫단을 주머닛감에 봉제해 고정한다.

마중천(겉)

아랫단을 처리해둔다

주머닛감(겉)

13 마중천을 다른 1장의 주머닛감에 겹쳐놓고 시침핀으로 고정한다.

14 마중천의 위아래를 박는다.

(겉)

주머닛감(안)

15 주머닛감 2장을 겉끼리 맞대고 시침핀으로 고정한다.

16 주머닛감 위쪽의 시접을 박는다.

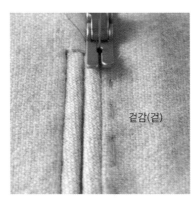

겉감(겉)

17 겉에서 주머니 입구 위쪽의 바늘땀에 주머닛감까지 함께 숨겨박기를 한다.

18 주머닛감 둘레를 박고 시접을 처리한다.

19 사진처럼 겉감을 젖혀 놓고, 주머니 입구 양쪽 가장자리를 주머닛감까지 함께 박는다. 보강을 겸해서 3~4번 되돌아 박기를 한다.

완성(겉).

완성(안).

파이핑 포켓 piping pocket

가위집을 넣고 절단면의 한쪽만을 파이핑으로 처리하는 주머니.

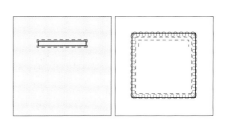

| 입술감을 이어서 재단하는 경우
(시접 한쪽으로 넘기기, 스티치 있음)

주머닛감에 입술감을 이어서 재단한 다음, 파이핑을 만든다.

패턴 ⑯+㉑
시접은 1cm

1 재단. 안쪽 주머닛감은 입술감도 되기 때문에 양쪽 주머닛감 모두 겉감을 사용한다.

2 겉감 주머니 입구 안면에 보강 원단(접착심)을 붙인다.

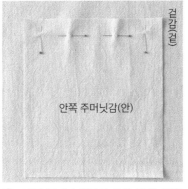

3 겉감 주머니 입구에 안쪽 주머닛감을 겉끼리 맞대어 놓고 시침핀으로 고정한다.

4 주머니 입구를 약간 촘촘한 바늘땀으로 박은 다음, 화살 깃 모양으로 가위집을 넣는다(p.43, 44 참조).

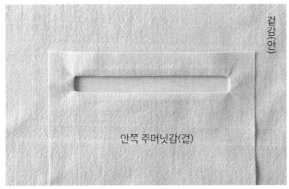

5 주머닛감을 가위집 낸 구멍을 통해 안면으로 빼낸 다음, 주머니 입구를 다림질해 정돈한다.

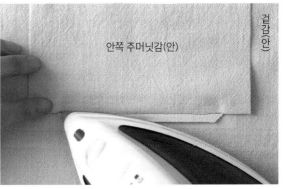

6 주머니 입구 아래쪽의 시접을 겉감 쪽으로 넘긴다.

더블 파이핑 포켓

파이핑 포켓

49

걸감(안)

7 주머닛감을 접어 겹쳐서 파이핑을 만든다.

걸감(겉)

파이핑 폭을 균일하게 맞춘다.

걸감(겉)

8 위쪽 시접은 시침질로 고정하고, 아래쪽은 겉에서 스티치한다.

바깥쪽 주머닛감
(안)

걸감(안)

9 주머닛감 2장을 겉끼리 맞대어 시침핀으로 고정한다. ★파이핑으로 접은 원단 가장자리가 벌어지지 않도록 주의한다.

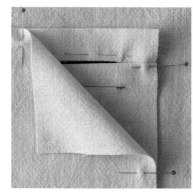

확대 사진.

바깥쪽 주머닛감
(안)

걸감(안)

10 주머닛감 둘레를 박고 시접을 처리한다.

11 겉에서 주머니 입구 위쪽과 양쪽 가장자리를 주머닛감까지 함께 스티치한다. 양쪽 가장자리는 보강을 겸해서 3~4번 되돌아 박기를 한다. 완성(겉).

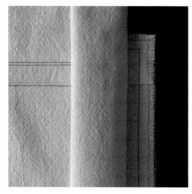

걸감을 젖혀둔 확대 사진.

완성(안).

입술감을 따로 재단하는 경우

(시접 가르기, 스티치 없음)

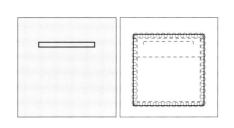

입술감을 따로 재단해서 사용하며, 주머닛감에는 슬리크나 안감을 사용한다.

주머니 입구에서 보이는 쪽의 주머닛감에는 겉감(마중천)을 단다.

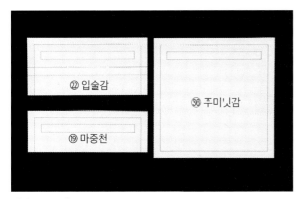

패턴 ⑲+㉒+㊱
시접은 1cm

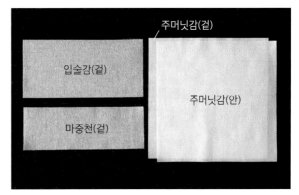

1 재단. 입술감과 마중천은 겉감을 사용한다.

2 겉감의 수머니 입구 안면에 보깅 원단 (접착심)을 붙인다.

3 주머니 입구를 맞춰서 주머닛감을 겹쳐 놓고 시침핀으로 고정한다.

4 시침질로 고정한다.

5 겉감 주머니 입구에 입술감을 겉끼리 맞대고, 주머니 입구의 위아래를 박는다.

안에서 본 모습.

파이핑 포켓

51

입술감(안)

6 주머니 입구 중앙에 가위를 넣고 입술감을 둘로 자른다.

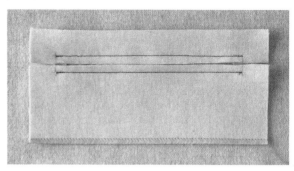

자른 모습.

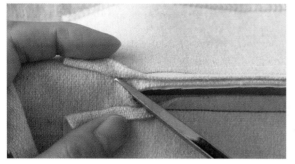

7 겉감과 주머닛감은 화살 깃 모양으로 가위집을 넣는다.

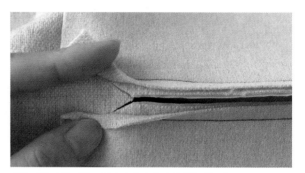

실을 자르지 않도록 조심하면서 깊게 가위집을 넣는다.

겉감(안)

안에서 본 모습.

8 겉감과 주머닛감에 가위집을 낸 삼각 부분을 다리미로 눌러 접는다.

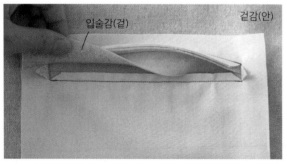

입술감(겉)
겉감(안)

9 가위집 낸 구멍을 통해 위쪽 입술감을 안면으로 빼낸다.

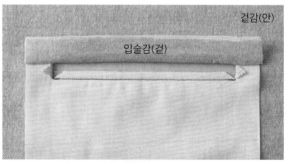

겉감(안)
입술감(겉)

10 위쪽으로 넘긴 다음, 다림질해 정돈한다.

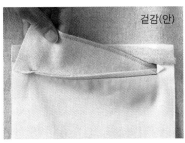

11 아래쪽 입술감을 안면으로 빼낸다.

12 시접을 가른다.

시접을 가른 모습.

13 입술감을 접어 겹쳐서 파이핑을 만든다.

파이핑 폭을 균일하게 맞춘다.

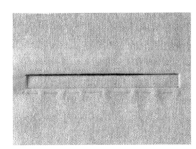

14 시침질로 고정한다.

15 겉에서 주머니 입구 아래쪽의 바늘땀에 숨겨박기를 한다.

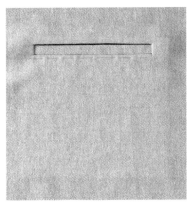

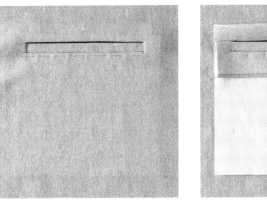

안에서 본 모습.

16 입술감 아랫단을 주머닛감에 봉제해 고정한다.

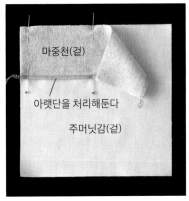

17 마중천을 다른 1장의 주머닛감에 겹쳐놓고 시침핀으로 고정한다.

18 마중천의 위아래를 박는다.

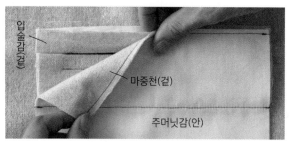

입술감(겉)

마중천(겉)

주머닛감(안)

19 마중천이 달린 주머닛감과 입술감을 겉끼리 맞댄다.

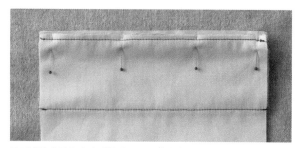

주머닛감과 입술감만 시침핀으로 고정한다.

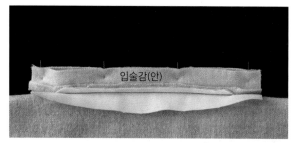

입술감(안)

입술감에서 본 모습.

20 주머닛감과 입술감의 위쪽 시접을 박는다.

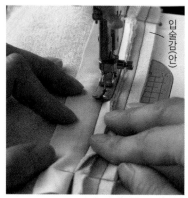

입술감(안)

21 주머니 입구 위쪽의 시접을 마중천이 달린 주머닛감까지 함께 박는다.

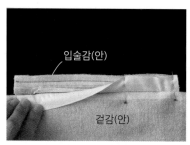

입술감(안)

겉감(안)

22 겉감에 붙어 있는 쪽의 주머닛감을 시접을 숨기듯이 맞대어 놓고 시침핀으로 고정한다.

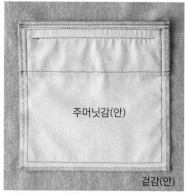

주머닛감(안)

겉감(안)

23 주머닛감 둘레를 박고 시접을 처리한다.

24 사진처럼 겉감을 젖혀 놓고, 주머니 입구 양쪽 가장자리를 주머닛감까지 함께 박는다. 보강을 겸해서 3~4번 되돌아 박기를 한다.

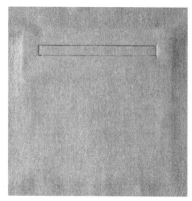

완성(겉).

완성(안).

플랩 포켓 flap pocket

플랩의 안쪽(아래쪽)을 파이핑으로 처리한 주머니.

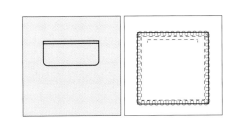

| 더블 파이핑 플랩 포켓 double piping flap pocket

더블 파이핑 포켓에 플랩을 단 주머니.

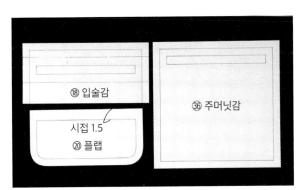

패턴 ⑱+⑳+㊱
지정 이외의 시접은 1cm

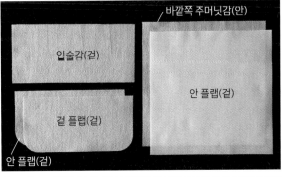

1 재단. 바깥쪽 주머닛감은 마중천을 겸해서 겉감을 사용한다(마중천을 따로 재단하는 방법은 p.46 참조).

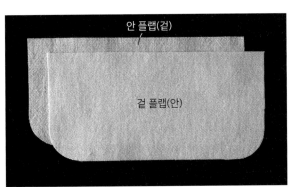

2 겉 플랩 안면에 접착심을 붙인다.

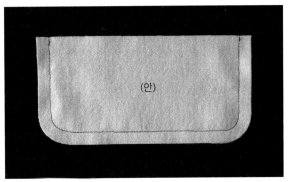

3 겉, 안 플랩을 겉끼리 맞대어 합봉한다.

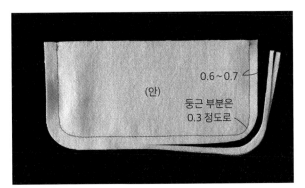

4 부피가 커지지 않도록 시접을 잘라 정리한다.

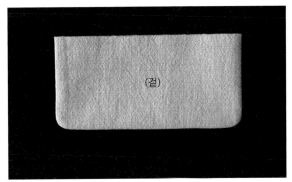

5 겉으로 뒤집고 다림질해 정돈한다.

6 더블 파이핑 포켓을 만든다(p.46, 47 참조)

입술감(겉)
안쪽 주머닛감 (겉)
바깥쪽 주머닛감 (안)
겉감(안)

7 주머닛감 2장을 겉끼리 맞대어 놓고 시침핀으로 고정한다.

※
바깥쪽 주머닛감 (안)
겉감(안)

8 주머닛감 둘레를 박는다. ※위쪽은 이후 과정에서 플랩의 시접이 들어가므로 가장자리를 고정해두는 정도로만 박는다.

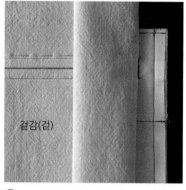

겉감(겉)

9 사진처럼 겉감을 젖혀 놓고, 주머니 입구 양쪽 가장자리를 주머닛감까지 함께 박는다. 보강을 겸해서 3~4번 되돌아 박기를 한다.

플랩(겉)
겉감(겉)

10 플랩을 위쪽에 끼워 넣는다.

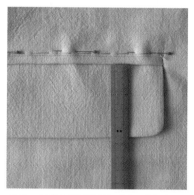

11 플랩 폭을 확인한 다음, 시침핀으로 고정한다.

12 겉에서 주머니 위쪽의 바늘땀에 주머닛감까지 함께 숨겨박기를 하고, 플랩을 단다.

13 완성(겉).

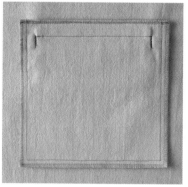

완성(안).

파이핑 플랩 포켓 piping flap pocket

파이핑 포켓에 플랩을 단 주머니.

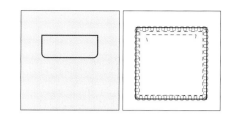

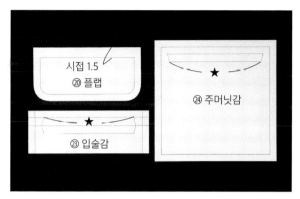

패턴 ⑳+㉓+㉔
지정 이외의 시접은 1cm

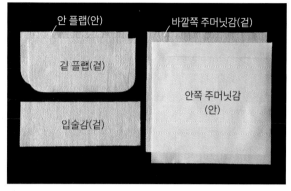

1 재단. 바깥쪽 주머닛감은 마중천을 겸해서 겉감을 사용한다(마중천을 따로 재단하는 방법은 p.46 참조).

2 플랩을 만든다(p.55의 2~5 참조). 봉제해서 달 때 원단이 서로 어긋나지 않도록 시접을 고정해둔다.

3 겉감의 주머니 입구 안면에 보강 원단(접착심)을 붙인 다음, 안쪽 주머닛감을 시침핀으로 고정한다(p.51의 2~3 참조).

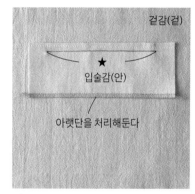

4 겉감의 주머니 입구 아래쪽에 입술감의 ★을 겉끼리 맞대어 박는다.

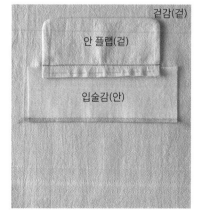

5 겉감의 주머니 입구 위쪽에 겉 플랩을 겉끼리 맞대어 박는다.

안에서 본 모습. 입술감을 봉제한 바늘땀이 플랩을 봉제한 바늘땀보다 안쪽으로 들어가 있는지 확인한다.

플랩 포켓

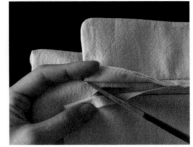

6 플랩과 입술감을 피해서 입구 중앙에 화살 깃 모양으로 가위집을 넣는다.

안에서 본 모습.

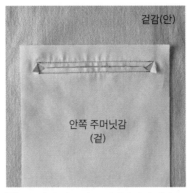

7 주머니 입구 양쪽 가장자리의 삼각 부분을 다리미로 눌러 접는다.

8 입술감을 가위집 낸 구멍을 통해 안면으로 빼내고, 시접을 가른다.

9 파이핑을 만든 다음, 겉에서 스티치를 하고 입술감의 아랫단을 주머닛감에 봉제해 고정한다(p.53 참조).

10 플랩의 시접을 위쪽으로 넘긴다.

11 주머닛감을 겉끼리 맞대어 놓고 시침핀으로 고정한 다음, 위쪽을 제외한 나머지 둘레를 박는다.

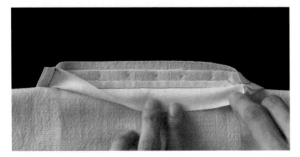

12 주머닛감 위쪽을 시침핀으로 고정하고, 플랩 시접을 주머닛감에 봉제해 고정한다.

겉감(안)

바깥쪽
주머닛감
(안)

안에서 본 모습.

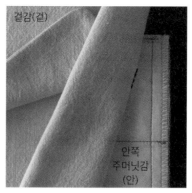

겉감(겉)

안쪽
주머닛감
(안)

12 주머닛감의 시접을 처리한다. 겉감을 젖혀 놓고 플랩을 올린 다음, 사진처럼 주머니 입구 양쪽 가장자리를 주머닛감까지 함께 박는다. 부강을 겸해서 3~4번 되돌아 박기를 한다.

겉감(겉)

13 플랩 아래에 숨은 듯한 파이핑이 생긴다.

완성(겉).

완성(안).

플랩 무늬 배치하기

플랩 무늬를 겉감 무늬와 같게 하느냐 다르게 하느냐에 따라 느낌이 달라진다.

무늬를 맞춰서 겉감과 어우러지게 한다.

무늬를 어긋나게 해서 디자인으로 강조한다.

박스 포켓 box pocket

상자 모양으로 만든 주머니. 주로 재킷의 가슴주머니나 코트 등에 단다.

| 박스 박아서 뒤집기

입술감 양쪽을 박아서 상자 모양을 만들고 겉감에 단다.

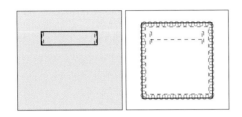
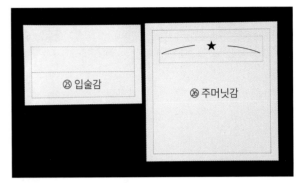

패턴 ㉕+㉖
시접은 1cm

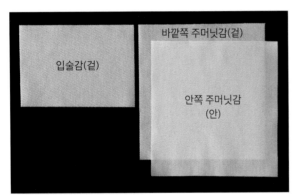

1 재단. 안쪽 주머닛감은 슬리크 또는 안감을 사용한다.

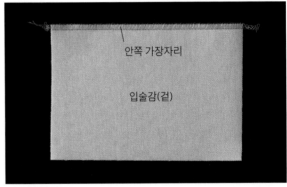

2 입술감 안면에 접착심을 붙이고 사진처럼 가장자리를 처리한다.

3 완성선을 따라 겉끼리 맞대어 접고 양쪽 가장자리를 박는다.

4 겉으로 뒤집고 다림질해 정돈한다.

5 겉감 주머니 입구 안면에 보강 원단(접
착심)을 붙인다.

6 주머니 입구를 맞추어 안쪽 주머닛감을
올려놓은 다음, 시침핀으로 고정한 상
태에서 시침질한다.

7 겉감 겉쪽에 바깥쪽 주머닛감의 위아래
를 반대로 해서 올려놓은 다음, ★을 겉
끼리 맞대어 박는다.

8 주머닛감을 위쪽으로 비켜둔다.

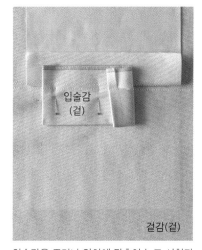

입술감을 주머니 위치에 맞추이 놓고 시침핀
으로 고정한다.

봉제한다.

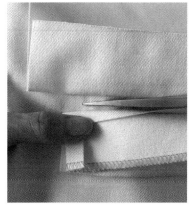

9 주머닛감과 입술감을 단 봉제선의 중앙
에 화살 깃 모양으로 가위집을 넣는다.

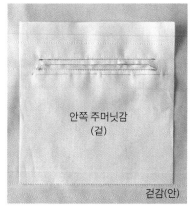

안에서 본 모습.

10 입술감 안쪽 부분을 사진처럼 안면
으로 빼낸다.

박스포켓

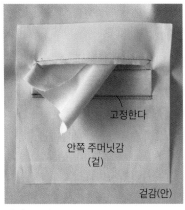

11 입술감의 안쪽 가장자리를 주머닛감에 고정한 다음, 바깥쪽 주머닛감을 안면으로 빼낸다.

12 주머닛감을 겉끼리 맞댄다.

13 주머닛감 둘레를 박고 시접을 처리한다.

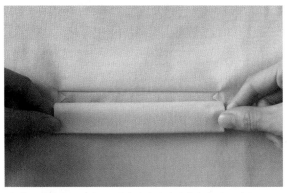

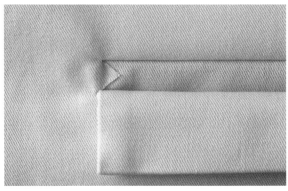

14 겉에서 본 모습. 주머니의 양쪽 가장자리에 있는 삼각 부분은 그대로 둔다.

확대 사진. 삼각 부분은 입술감을 고정하는 스티치로 함께 고정할 수 있다.

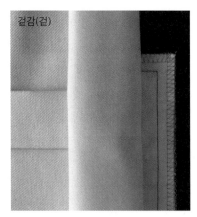

15 입술감을 완성된 상태로 정돈한 다음, 주머닛감까지 함께 양쪽 가장자리에 스티치한다. 완성(겉).

확대 사진.

완성(안).

62

박스 스티치

◎ 싱글 스티치

양쪽 가장자리의 스티치를 눈에 띄지 않게끔 할 경우에는
싱글 스티치를 한다.

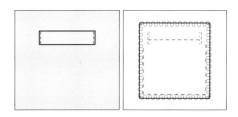

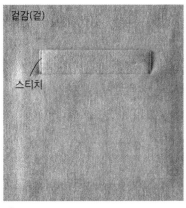

겉감(겉)

스티치

1 입술감의 양쪽 가장자리에 스티치를
1줄씩 한다. 완성(겉).

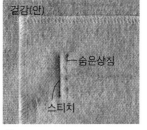

겉감(안)

숨은상침

스티치

2 싱글 스티치만으로는 약하
므로 안쪽에서 숨은상침을
해서 보강한다.

숨은상침

안

겉

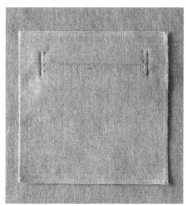

완성(안).

◎ 스티치 없음

양쪽 가장자리에 스티치를 하고 싶지 않을 경우에는
감침질로 처리한다.

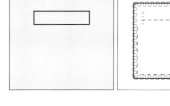

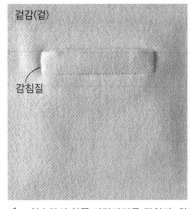

겉감(겉)

감침질

1 입술감의 양쪽 가장자리를 감친다. 완
성(겉).

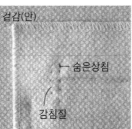

겉감(안)

숨은상침

감침질

2 감침질만으로는 약하므로
안쪽에서 숨은상침을 해서
보강한다.

완성(안).

박스
포켓

63

박스 접기

입술감의 양쪽을 접어 상자 모양으로 만들고 겉감에 단다.

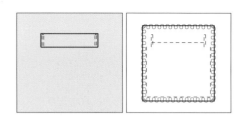

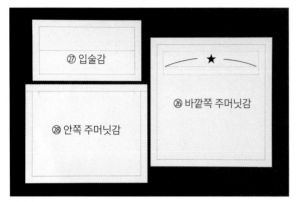

패턴 ㉖+㉗+㉘
시접은 1cm

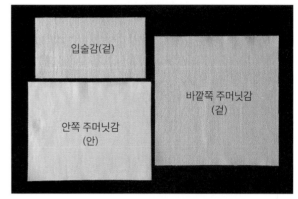

1 재단. 안쪽 주머닛감은 슬리크 또는 안감을 사용한다.

2 입술감 안면에 접착심을 붙인다.

3 양쪽 가장자리 시접을 접는다.

4 완성된 상태로 접는다. 안쪽이 될 쪽의 양쪽 가장자리 시접은, 겉에서 보이지 않게끔 비켜놓고 다시 접어둔다.

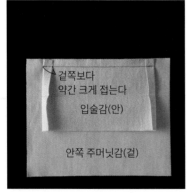

5 입술감의 안쪽 가장자리에 안쪽 주머닛감을 단다.

6 시접을 주머닛감 쪽으로 넘긴다.

입술감을 완성된 상태로 접은 모습.

7 겉감의 주머니 입구 안면에 보강 원단 (접착심)을 붙인다.

8 겉감 겉쪽에 바깥쪽 주머닛감의 위아래를 반대로 해서 올려놓고, ★을 겉끼리 맞대어 박는다.

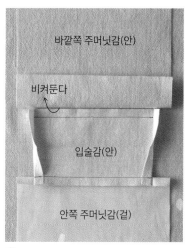

9 바깥쪽 주머닛감을 위쪽으로 비켜두고, 입술감을 주머니 위치에 맞춰서 박는다.

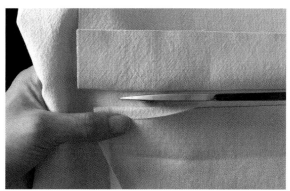

10 주머닛감과 입술감을 단 봉제선의 중앙에 화살 깃 모양으로 가위집을 넣는다.

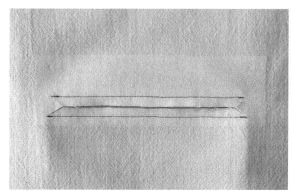

안에서 본 모습.

11 입술감을 안면으로 빼낸다.

12 시접을 겉감 쪽으로 넘긴다.

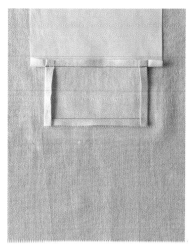

13 입술감의 양쪽 가장자리 시접을 다시 접는다.

● 두꺼운 원단일 경우에는 시접을 가른다

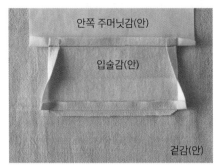

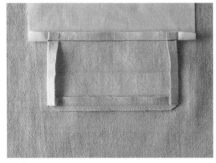

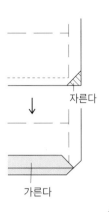

안쪽 주머닛감(안)

입술감(안)

겉감(안)

자른다

가른다

12 시접을 가른다.

13 입술감의 양쪽 가장자리 시접을 다시 접는다.

안쪽 주머닛감
(겉)

겉감(안)

14 바깥쪽 주머닛감을 안면으로 빼낸다.

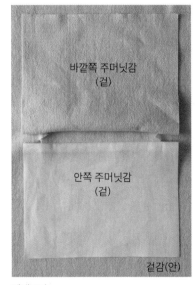

바깥쪽 주머닛감
(겉)

안쪽 주머닛감
(겉)

겉감(안)

빼낸 모습.

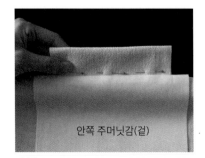

안쪽 주머닛감(겉)

15 입술감을 완성된 상태로 놓고 시침 핀으로 고정한다.

안쪽 주머닛감(안)

안쪽 주머닛감을 위로 넘긴다.

입술감의 시접끼리 맞추어 놓고 시접을 꿰맨다.

꿰맨 모습.

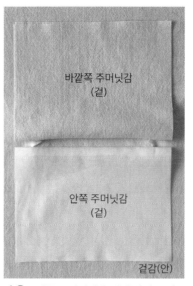

16 안쪽 주머닛감을 원래 위치로 되돌린다.

17 주머닛감을 겉끼리 맞대어 주위를 박고 시접을 처리한다.

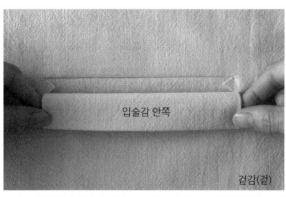

18 입술감의 안쪽에서 본 모습. 주머니 양옆의 삼각 부분은 그대로 둔다.

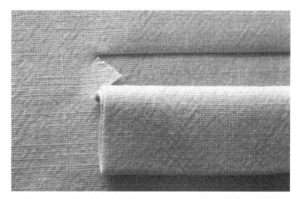

확대 사진. 삼각 부분은 입술감을 고정하는 스티치로 함께 고정된다.

19 입술감을 완성된 상태로 정돈한 다음, 주머닛감까지 함께 양쪽 가장자리에 스티치한다. 완성(겉).

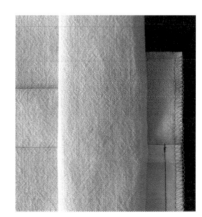

확내 사진.

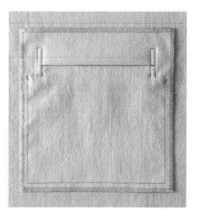

완성(안).

각도(기울기)가 있는 박스 포켓

봉제 방법은 '박스 접기(p.64)'와 동일하다.
올 방향을 지나는 위치가 틀리지 않도록 패턴, 재단에 주의한다.

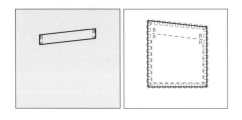

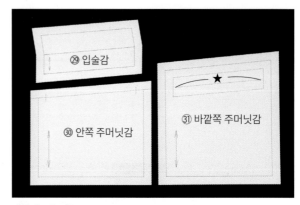

패턴 ㉙+㉚+㉛
시접은 1cm(재단은 p.64 참조)

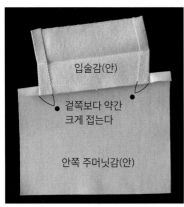

입술감을 완성선을 따라 접고, 입술감의 안쪽
가장자리에 안쪽 주머닛감을 단다.

각도가 있기 때문에 시접에 가위집을 넣으면
깔끔하게 접을 수 있다.

이후 과정은 '박스 접기(p.64~67)'를 참조.

완성(겉).

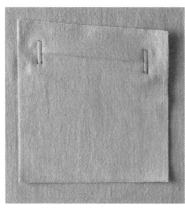

완성(안).

사이드 포켓 side pocket

옷의 허리 부분에 나 있는 이음선을 이용해 만드는 주머니. 팬츠나 스커트 등에 사용한다.

| 직선으로 된 이음선을 이용한 포켓

옆선을 벌리지 않고 허리 부분을 잘 감쌀 수 있도록 만든다.

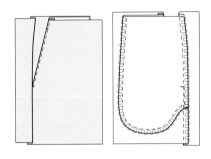

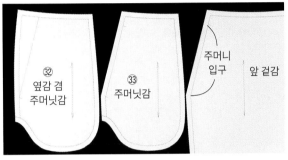

패턴 ㉜+㉝
시접은 1cm

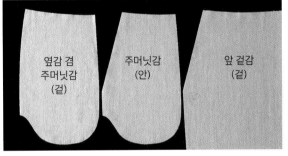

1 재단. 옆감 겸 주머닛감은 겉감을 사용한다. 주머닛감은 슬리크나 안감을 사용해도 된다.

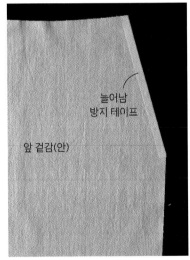

2 겉감의 주머니 입구 시접 안면에 늘어남 방지 테이프를 붙인다.

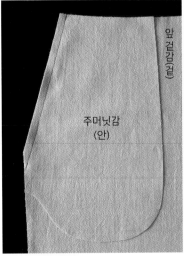

3 주머닛감을 겉끼리 맞대고 주머니 입구를 박는다. 이때 완성선보다 시접 쪽으로 0.1~0.2cm 떨어진 부분을 박는다.

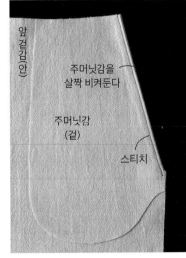

4 주머닛감을 안면으로 뒤집어 살짝 비켜둔 다음, 다림질해 정돈하고 스티치한다.

박스 포켓

사이드 포켓

69

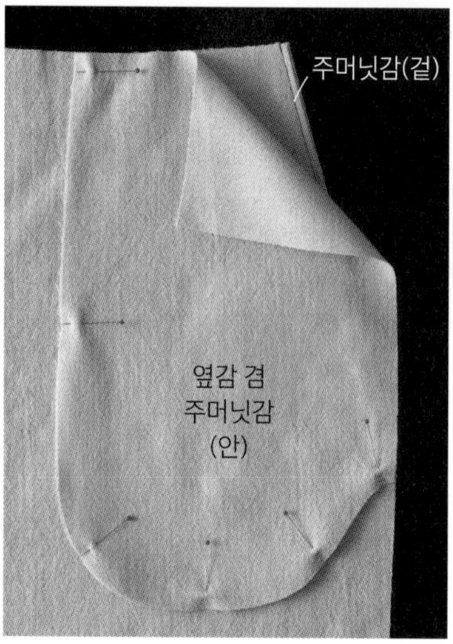

5 주머닛감에 옆감을 겉끼리 맞대어 놓고 시침핀으로 고정한다.

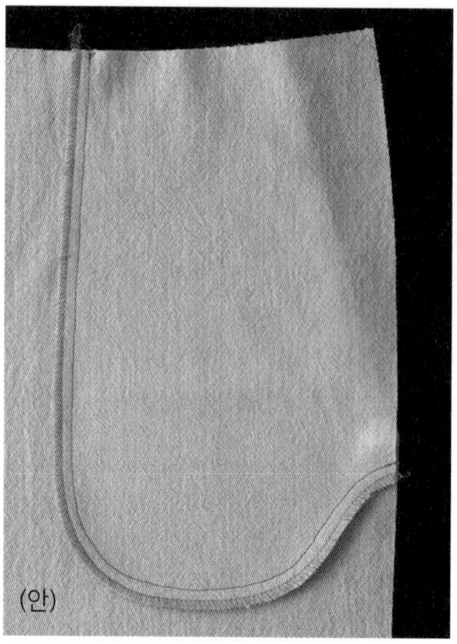

6 주머닛감 둘레를 박고 시접을 처리한다.

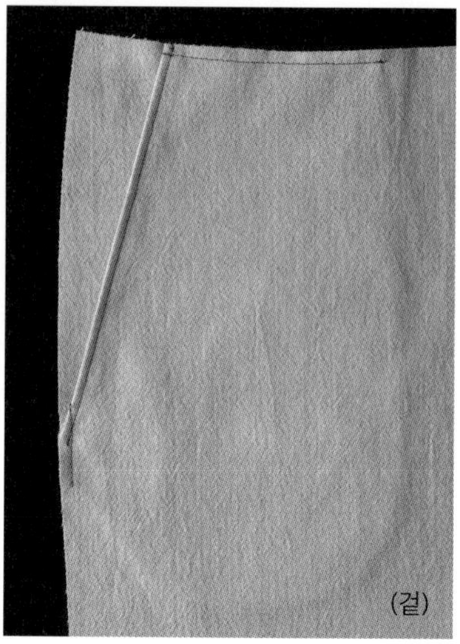

7 위쪽과 옆선 시접을 고정한다.

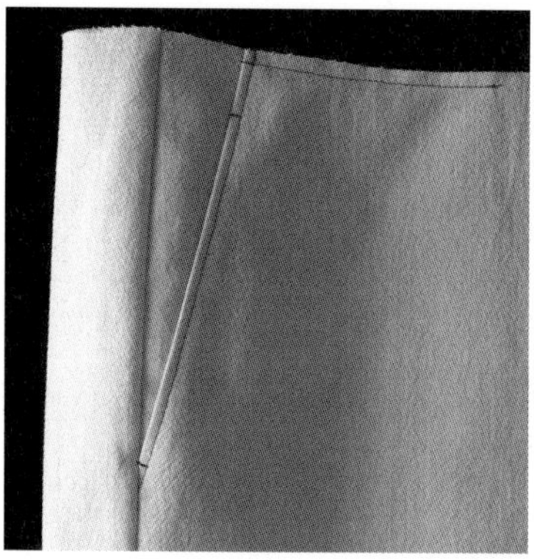

옆선을 합봉한 모습. 주머니 입구의 양쪽 가장자리에는 스티치를 해서 보강한다. 스티치 폭 안쪽은 3~4번 되돌아 박기한다.

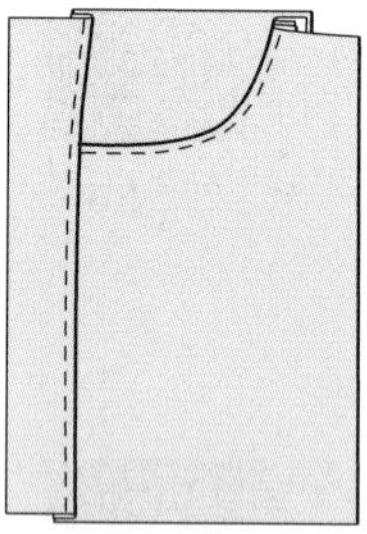

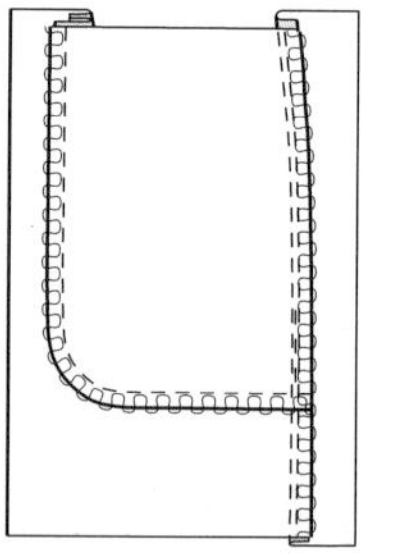

곡선으로 된 이음선을 이용한 포켓

'웨스턴 포켓(Western pocket)'이라고도 한다.
직선으로 된 이음선보다 주머니 입구가 들뜨지 않아 깔끔하게 처리된다.

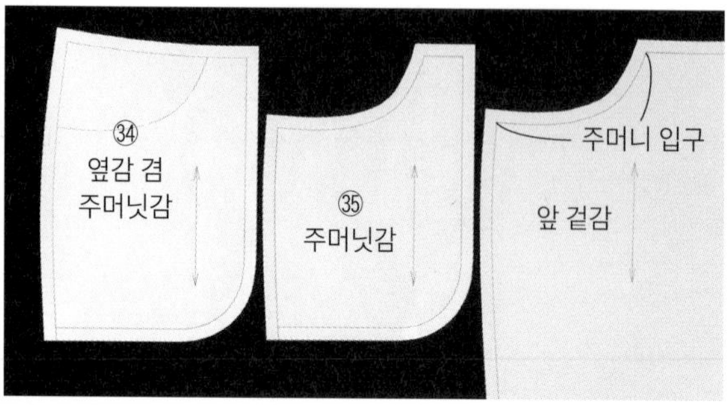

패턴 ㉞+㉟
시접은 1cm

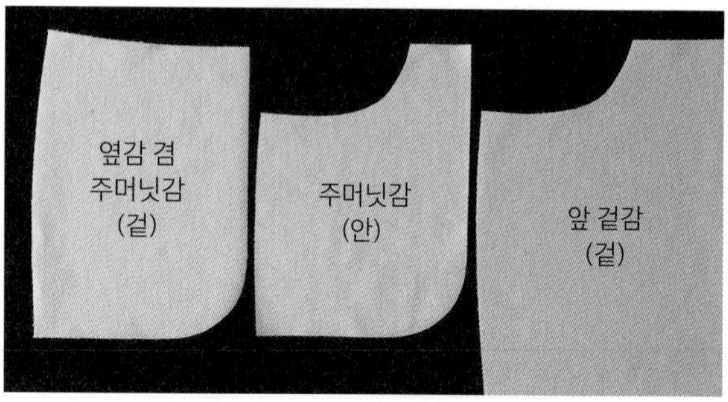

1 재단. 옆감 겸 주머닛감은 겉감을 사용한다. 주머닛감은 곡선을 박고 뒤집어야 하므로 슬리크처럼 약간 얇은 원단이 적합하다.

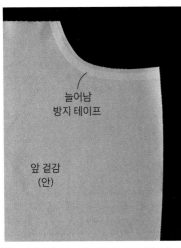

2 앞 팬츠 주머니 입구의 시접 안면에 늘어남 방지 테이프를 붙인다.

3 주머닛감을 겉끼리 맞대고 주머니 입구를 박는다. 완성선보다 시접 쪽으로 0.1~0.2cm 떨어진 부분을 박고, 시접은 0.5cm 정도로 자른다.

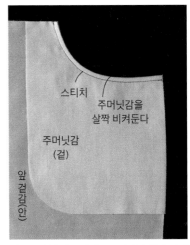

4 주머닛감을 안면으로 뒤집어 살짝 비켜둔 다음, 다림질해 정돈하고 스티치한다.

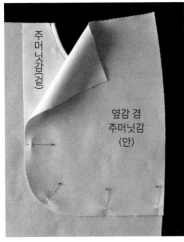

5 주머닛감에 옆감을 겉끼리 맞대어 놓고 시침핀으로 고정한다.

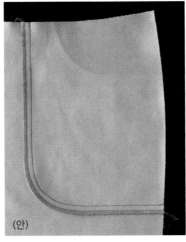

6 주머닛감 둘레를 박고 시접을 처리한다.

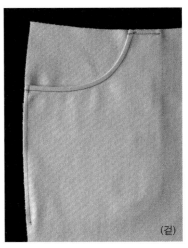

7 사진처럼 주머니 위쪽과 옆선의 시접을 스티치로 고정한다.

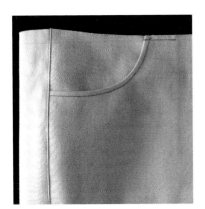

옆선을 합봉한 모습. 시접을 뒤쪽으로 넘겨서 스티치하면 더욱 튼튼하게 만들 수 있다.

일본어판 발행인 Sunao Onuma
디자인·일러스트 Tomoko Okayama
촬영 Takeshi Fujimoto
교열 Masako Mukai
편집 Nobuko Hirayama(BUNKA PUBLISHING BUREAU)

쉽게 배우는 주머니의 기초

1판 1쇄 인쇄 | 2019년 6월 4일
1판 1쇄 발행 | 2019년 6월 11일

지은이 미즈노 요시코
옮긴이 김수연
펴낸이 김기옥

실용본부장 박재성
편집 실용 2팀 이나리, 손혜인
영업 김선주
커뮤니케이션 플래너 서지운
지원 고광현, 김형식, 임민진

디자인 제이알컴
인쇄·제본 민언프린텍

펴낸곳 한스미디어(한즈미디어(주))
주소 121-839 서울시 마포구 양화로 11길 13(서교동, 강원빌딩 5층)
전화 02-707-0337 | **팩스** 02-707-0198 | **홈페이지** www.hansmedia.com
출판신고번호 제 313-2003-227호 | **신고일자** 2003년 6월 25일

ISBN 979-11-6007-381-2 13590

책값은 뒤표지에 있습니다.
잘못 만들어진 책은 구입하신 서점에서 교환해 드립니다.